中华烹饪古籍经典藏书

筵款丰馐依样调鼎新录

[清] 佚 名 撰

中国商业出版社

图书在版编目（CIP）数据

筵款丰馐依样调鼎新录 /（清）佚名撰 . —北京：
中国商业出版社，2021. 12
ISBN 978-7-5208-1556-7

Ⅰ . ①筵… Ⅱ . ①佚… Ⅲ . ①烹饪—史料—中国—清
后期 Ⅳ . ① TS972.1-092

中国版本图书馆 CIP 数据核字（2020）第 260530 号

责任编辑：包晓嬙　佟　彤

中国商业出版社出版发行
010-63180647 www.c-cbook.com
（100053 北京广安门内报国寺 1 号）
新华书店经销
唐山嘉德印刷有限公司印刷

*

710 毫米 ×1000 毫米　16 开　16 印张　150 千字
2021 年 12 月第 1 版　2021 年 12 月第 1 次印刷
定价：69.00 元

****

（如有印装质量问题可更换）

委 员

林百浚	闫 囡	张可心	尹亲林	彭正康	兰明路
胡 洁	孟连军	马震建	熊望斌	王云璋	梁永军
唐 松	于德江	陈 明	张陆占	张 文	王少刚
杨朝辉	赵家旺	史国旗	向正林	王国政	陈 光
邓振鸿	刘 星	邸春生	谭学文	王 程	李 宇
李金辉	范玖炘	孙 磊	高 明	刘 龙	吕振宁
孔德龙	吴 疆	张 虎	牛楚轩	寇卫华	刘彧弢
王 位	吴 超	侯 涛	赵海军	刘晓燕	孟凡字
佟 彤	皮玉明	高 岩	毕 龙	任 刚	林 清
刘忠丽	刘洪生	赵 林	曹 勇	田张鹏	阴 彬
马东宏	张富岩	王利民	寇卫忠	王月强	俞晓华
张 慧	刘清海	李欣新	王东杰	渠永涛	蔡元斌
刘业福	杨英勋	王德朋	王中伟	王延龙	孙家涛
张万忠	种 俊	李晓明	金成稳	马 睿	乔 博

《中国烹饪古籍丛刊》出版说明

国务院一九八一年十二月十日发出的《关于恢复古籍整理出版规划小组的通知》中指出：古籍整理出版工作"对中华民族文化的继承和发扬，对青年进行传统文化教育，有极大的重要性"。根据这一精神，我们着手整理出版这部丛刊。

我国的烹饪技术，是一份至为珍贵的文化遗产。历代古籍中有大量饮食烹饪方面的著述，春秋战国以来，有名的食单、食谱、食经、食疗经方、饮食史录、饮食掌故等著述不下百种；散见于各种丛书、类书及名家诗文集的材料，更加不胜枚举。为此，发掘、整理、取其精华，运用现代科学加以总结提高，使之更好地为人民生活服务，是很有意义的。

为了方便读者阅读，我们对原书加了一些注释，并把部分文言文译成现代汉语。这些古籍难免杂有不符合现代科学的东西，但是为尽量保持其原貌原意，译注时基本上未加改动；有的地方作了必要的说明。希望读者本着"取其精华，去其糟粕"的精神用以参考。编者水平有限，错误之处，请读者随时指正，以便修订。

中国商业出版社

1982 年 3 月

出 版 说 明

20世纪80年代初，我社根据国务院《关于恢复古籍整理出版规划小组的通知》精神，组织了当时全国优秀的专家学者，整理出版了《中国烹饪古籍丛刊》。这一丛刊出版工作陆续进行了12年，先后整理、出版了36册，包括一本《中国烹饪文献提要》。这一丛刊奠定了我社中华烹饪古籍出版工作的基础，为烹饪古籍出版解决了工作思路、选题范围、内容标准等一系列根本问题。但是囿于当时条件所限，从纸张、版式、体例上都有很大的改善余地。

党的十九大明确提出："要坚定文化自信，推动社会主义文化繁荣兴盛。推动文化事业和文化产业发展。"中华烹饪文化作为中华优秀传统文化的重要组成部分必须大力加以弘扬和发展。我社作为文化的传播者，就应当坚决响应国家的号召，就应当以传播中华烹饪传统文化为己任。高举起文化自信的大旗。因此，我社经过慎重研究，准备重新系统、全面地梳理中华烹饪古籍，将已经发现的150余种烹饪古籍分40册予以出版，即《中华烹饪古籍经典藏书》。

此套书有所创新，在体例上符合各类读者阅读，除根据前版重新完善了标点、注释之外，增添了白话翻译，增加了厨界大师、名师点评，增设了"烹坛新语林"，附录各类中国烹饪文化爱好者的心得、见解。对古籍中与烹饪文化关系不十分紧密或可作为另一专业研究的内容，例如制酒、饮茶、药方等进行了调整。古籍由于年代久远，难免有一些不符合现代饮食科学的内容，但是，为最大限度地保持原貌，我们未做改动，希望读者在阅读过程中能够"取其精华、去其糟粕"，加以辨别、区分。

　　我国的烹饪技术，是一份至为珍贵的文化遗产。历代古籍中留下大量有关饮食、烹饪方面的著述，春秋战国以来，有名的食单、食谱、食经、食疗经方、饮食史录、饮食掌故等著述屡不绝书，散见于诗文之中的材料更是不胜枚举。由于编者水平所限，书中难免有错讹之处，欢迎大家批评、指正，以便我们在今后的出版工作中加以修订。

中国商业出版社

2019 年 9 月

本书简介

本书是以《筵款丰馐依样调鼎新录》为正本，参校《成都通览·第七册》和《四季菜谱摘录》编注而成。

《筵款丰馐依样调鼎新录》是一个手抄本，篇末署"同治五年丙寅岁季冬有朔五日，程记录"；再抄者署"中华民国四年十一月正明"。书中"依样调鼎"是家常菜，"筵款丰馐"主要是筵席菜谱。参校本书所用《成都通览》是清宣统元年成都《通俗报》社石印本；凡八册，饮食部分在第七册；所收菜点名称虽有千种以上，但有制法的仅一百六十种；字迹颇多漫漶错落。参校本书所用《四季菜谱摘录》是一位厨师的家传手抄本，盖有"姚"姓私章；收菜品四百五十样，都有做法。以上三个本子内容都以川菜为主，杂有其他地方菜品，成书时间都是晚清。《筵款丰馐依样调鼎新录》的分类编排比较齐全有序，所以用它做正本，用《成都通览》《四季菜谱摘录》参校、补充。这本书共收菜点二千五百多种，其中有做法的九百多种。通过这本书大致可以看到晚清川菜鼎盛时期的款式全貌和烹调水平。当时川菜兼及并蓄南、北、下江烹饪之长，因此，它也是研究晚清中国烹饪的重要史料。

中国商业出版社

2021年9月

目　录

词四首

（代序）

俗序西江月

家常

配美摘锦生方,家常菜蔬无双。烹调随时费周章^①,子午侔件掉样^②。味厚加料油料油炙,清淡宜用汤浆。变化千般看时光^③,细心可能俸^④上。

筵款^⑤

礼筵^⑥景致^⑦满汉^⑧,漂洁玲珑为先^⑨。堆摆异样^⑩可以观,又加梅花巧粘。菜无定制常法,温凉爆熘炸煎。春夏秋冬造新鲜,嫩美方可称羡。

---

① 周章:周折。

② 子午侔(móu)件掉样:此句说菜肴的款式应根据时刻和盛器的不同而变换。子午,指子时和午时。侔件,疑为桙(yú)枓(móu)。桙、枓都是盛汤浆或饮水的器皿。

③ 变化千般看时光:此言要视季节的不同变化菜式。

④ 俸:通"奉"。

⑤ 筵款:宴席菜式。

⑥ 礼筵:表示敬意的筵席。

⑦ 景致:本指风景,此指筵席的格调和席面。

⑧ 满汉:满菜和汉菜。

⑨ 漂洁玲珑为先:此句意为筵席头等重要的是菜肴的精巧和卫生。漂洁,清洁、卫生。玲珑,小巧、精美。

⑩ 异样:新奇的样式。

羊款

全羊内贮深奥，裁坯加减自料①。大小件头齐虑到，銛滴刮洗水漂②。酸鼍生菜③预齐，清浊二汤④油笑⑤。烹熘烩炸随时要，上菜方把名报。

八珍

珍馐首数驼峰，豹胎遇制难逢。云省猩唇川麇嵩⑥，熊蹯⑦味美可用。鸮炙豹舐鹅掌⑧，鲤尾鹿性⑨不同。山海奇珍尘寰中，说甚烹龙炮凤⑩？

① 裁坯加减自料：此句意为选料、用量要根据菜的需要灵活掌握。裁坯，因菜选取材料。

② 銛（tiān）滴刮洗水漂：此句言羊杂的粗加工程序。銛滴，疑为"余涤"，即用沸水煮去羊肉的膻味。

③ 酸鼍生菜：酸菜，四川俗称泡菜。鼍，疑为"腌"之误。

④ 清浊二汤：指清汤和白汤。

⑤ 油笑：沸油。用于煎、炒、爆、炸。

⑥ 麇嵩：鹿冲，雄性梅花鹿的外生殖器。又称鹿鞭、鹿阳冲。

⑦ 熊蹯（fán）：熊掌。

⑧ 此句抄本作"鸮炙骡舐鹅掌"。鸮（xiāo）炙，烤猫头鹰。豹舐（shì），驴肾。舐，舔。

⑨ 鹿性：疑指鹿筋。

⑩ 山海奇珍尘寰中，说甚烹龙炮凤：尘世间就有取之不竭、用之不尽的山珍海味，还去讲什么烹龙炮凤这些根本不存在的珍味美肴呢？

调鼎总目

燕窝	鱼翅	海参	鱼唇	鱼肚	鱼肠
鱼皮①	鱼鳔②	海蛘③	淡菜	牡蛎	毫蚕④
西舌⑤	蛏蜗	群边⑥	鮂黳⑦	明蛹⑧	鰒鱼⑨
鰇鱼⑩	鲋鱼	台鲞⑪	子肋⑫	银鱼	龙虾
瑶柱	青螺	鱼蛋	海雁⑬	海蜇	洋茸⑭

---

① 鱼皮：一种水产干制品，用鲨和魟（hóng）的背部厚皮干制而成。

② 鱼鳔（biào）：大黄鱼、鮸（miǎn）鱼、海鳗等腹内的沉浮器官，干制品即鱼肚。

③ 海蛘（bì）：淡菜，又称海红干。贻贝的淡干品。

④ 毫蚕：不详。

⑤ 西舌：西施舌，为蛤蜊科动物西施舌的肉。

⑥ 群边：鳖甲软边，又称鳖裙。

⑦ 鮂（zhōu）黳（dài）：似指带鱼。黳，鱼名，何种鱼不详。

⑧ 明蛹（fǔ）：今作"螟（míng）蛹"，即乌贼鲞，以乌贼加工干制而成。又称螟蛹鲞、墨鱼干。

⑨ 鰒（bào）鱼：今作"鲍鱼"。

⑩ 鰇（róu）鱼：鰇同"柔"，柔鱼即鱿鱼。

⑪ 台鲞（xiǎng）：河豚干。

⑫ 子肋：鰳（lè）鲞，鳓鱼的干制品。

⑬ 海雁：应作"海燕"。即双丁鱼，又称海蜒（yán）、海蝘（yǎn）。海中的一种小鱼。

⑭ 洋茸：疑即海藻类食物的总称。

口蘑　榆肉①　云㕮②　耳黄③　仚米④　肉菌⑤

香蕈　香菰　麒麟⑥　凤尾⑦　柳叶⑧　竹松⑨

青笋　绿紫⑩　发菜　鸡嵩⑪　羊菌⑫　套梅⑬

白枣　天茄⑭　兰花　绣绿⑮　樱桃　枇杷

瓜龙⑯　瓜花⑰　葡萄　金桔　香橼⑱　青子⑲

---

⑮ 榆肉：榆耳。寄生在榆树上的木耳。

⑯ 云㕮：当作"云㙏（ruǎn）"，指木耳。

⑰ 耳黄：疑为"黄耳"。黄耳，又称黄木耳，生于林中向阳避风的栎树的腐木上。

⑱ 仚（xiān）米：仚同"仙"，仙米，即葛仙米。鲜者以醋拌之，脆美可食；采得曝干，可作羹入馔。又称地耳、地踏菇。

⑤ 肉菌：也称"肉蕈"，即蘑菇。

⑥ 麒麟：麒麟菜，又称鸡脚菜、鹿角菜。一种海藻，可作蔬食。

⑦ 凤尾：凤尾菜，疑即"石花菜"。

⑧ 柳叶：柳叶菜。多年生草本，常生于山麓或原野水边，嫩苗叶可食。

⑨ 竹松：竹荪。又称僧竺蕈，属菌，夏季生于竹林中。

⑩ 绿紫：礁膜，又称石菜、绿紫菜。一种海藻，多生于内湾水静处的中、高潮带岩石上，晒干后可供食用。

⑪ 鸡嵩：今作"鸡枞（zōng）"，俗称鸡肉丝菇、白蚁菇，是一种由白蚂蚁栽培的食用菌。为我国著名的野生菌，该菌盖初期圆锥形，似斗笠，伸展后，中央部分有显著乳头状突起。

⑫ 羊菌：羊肚菌。

⑬ 套梅：何物不详。

⑭ 天茄："天茄子""龙葵"的异名。嫩叶可煮食。

⑮ 绣绿（qiú）：今作"绣球"，八仙花的异名。

⑯ 瓜龙："高粱根"的异名。

⑰ 瓜花：疑即"果蓏（luǒ）"。果蓏，即瓜、果的总称。

⑱ 香橼（chuán）：当作"香橼（yuán）"，为芸香科植物枸橼或香圆的果实。

⑲ 青子："橄榄"的异名。

红果	橄榄	天冬①	蜜枣	瓜砖	青梅②
查糕③	桃片	醋醉④	白蒻⑤	天浆⑥	崖蜜⑦
青房⑧	玉背⑨	蕡实⑩	苹果	金橙	玉腋⑪
文林⑫	染霜⑬	水菱	莀茈⑭	佛手⑮	炎果⑯

---

① 天冬：天门冬。

② 青梅："梅子"之青者。

③ 查糕：疑为山楂糕。

④ 醋醉：何物不详。

⑤ 白蒻（ruò）：荷茎埋入泥中的部分。此疑指"藕"。

⑥ 天浆："石榴"的异名。

⑦ 崖蜜："樱桃"的异名。

⑧ 青房："李"的别名；亦有称"莲蓬"为青房的。

⑨ 玉背：不详。

⑩ 蕡（fén）实：本指果木结实大。这里似指"桃"。

⑪ 玉腋：应作"玉液"。玉液，本喻美酒，此似指"雪梨"。

⑫ 文林：指"文林郎果"，即"花红"。蔷薇科、苹果属的植物，落叶小乔木，叶卵形或椭圆形，顶端骤尖，边缘有极细锯齿。春夏之交开花，在枝顶伞形排列，花梗、花萼均有茸毛，花蕾时红色，开后色褪而带红晕。果实秋成熟，扁圆形，黄或红色，生食味似苹果。

⑬ 染霜：不详。

⑭ 莀茈：应作"凫（fú）茈（cí）"，即"荸荠"。

⑮ 佛手：佛手柑。

⑯ 炎果："枇杷"的异名。

马乳^①　　羌桃^②　　柳子^③　　石榴　　沙果^④　　獴蹯^⑤

果驴　　鹿筋　　飞奴^⑥　　雉鸡　　野鸭　　竹明^⑦

薯蓣^⑧　　鳜鱼　　鳙鱼^⑨　　鲫鱼　　鲤鱼　　鲂鱼^⑩

鳢鱼^⑪　　鲱鮀^⑫　　魟鱄^⑬　　鳗鲡^⑭　　鳡鱼^⑮　　坐鱼^⑯

虾鲨^⑰　　蟹螯　　鳅鱼

① 马乳：葡萄的一种，今称"马奶子"。

② 羌桃："核桃"的异名。

③ 柳子：疑为"柚子"之误。

④ 沙果：指"花红"。

⑤ 獴蹯：熊掌。獴应作"罴（pí）"，棕熊。

⑥ 飞奴：鸽子的别名。

⑦ 竹明：应作"竹萌"，即"竹笋"。

⑧ 薯蓣：山药。

⑨ 鳙鱼：不详。

⑩ 鲂（biān）鱼：今作"鳊鱼"，即"长春鳊"。

⑪ 鳢（mò）鱼：今作"墨鱼"，即"东坡鱼"，又称"墨头鱼""东坡墨鱼"。

⑫ 鲱（féi）鮀（tuó）：今作"肥沱"，又称"方头水密子"，即圆口"铜鱼"。另外，江团也称肥沱。

⑬ 魟（jiāng）鱄（tuán）：今作"江团"，即"长吻鮠"。

⑭ 鳗鲡：又称白鳝、青鳝、鳗鱼。

⑮ 鳡（xiàng）鱼：今作"象鱼"，古书上说的一种鱼，似魟而鼻长，即"鲟"。

⑯ 坐鱼："青蛙"的别名。

⑰ 虾鲨：虾。鲨，不详。

上　册

群海类

（燕窝、鱼翅等做法二百种）

词曰黄莺儿[①]

发燕水宜清，致鱼鳔[②]，去海腥。预先齐将毛拈净，下碱要快，换水宜均。建燕[③]易透广略蒸，费精神。小心细糸[④]，谨防枒牙根[⑤]。

◎ 燕窝略计 ◎

一品燕窝

制法：百合蛋羔（糕）[⑥]底，面加虾、石耳[⑦]。

《摘录》：面用火腿，蒸为品[⑧]，加鸡蛋片、鸽蛋、老

---

① 此首虽黄莺儿，但万树《词律》："黄莺儿"，两片凡九十六字。朱权《太和正音谱》："黄莺儿"，五句共二十字。此调当为何名，待再查。

② 鱼鳔：此篇通言燕窝的发制方法，鱼鳔夹其中，不知何意。

③ 建燕：晚清时成都所用燕窝有建燕、广燕两种，盖以其产地（福建、广东）名之。

④ 小心细糸（mì）：此处有小心又小心的意思。糸，细丝。下同。

⑤ 谨防枒（qiā）牙根：此句抄本作"紧防拾牙根"，今作"枒"，四川方言，有夹紧、塞住之意。

⑥ 百合蛋糕：用鸡蛋或鸽蛋连壳煮熟取出，破壳去黄，蛋白切成小块，因形如百合，故名。

⑦ 石耳：属地衣类，多见于山地的悬崖石壁上。可入药，亦可入馐。

⑧ 蒸为品：蒸此菜要求定碗时形饱满、完整。

肉片①，清汤②，上。

蟠桃燕窝

用虾料酿③，谁（随）加配合④。

《摘录》：用虾元⑤、鱼、火腿、鸡片、笋丝底，加卤⑥，红汤上⑦。（原本名"寿桃燕窝"）

玲珑⑧燕窝

巧酿，鸽蛋对饼。

双凤⑨燕窝

用剃（剔）⑩，酿水鸽⑪二支⑫底。

---

① 老肉片：熟猪肉片。

② 清汤：加注清汤。下同。

③ 酿：一种精加工方法，通常是指将所酿的原料挖空（或本身就是空心的），再填入辅料的方法。如酿梨、酿藕等。此处的酿是指用糁（一种用鸡、鱼或虾等制成的茸糊状半成品）做黏合剂，用以黏合主料的一种方法。前者称暗酿，后者称明酿。

④ 配合：配料。

⑤ 虾元：虾丸。

⑥ 卤：浓稠的味汁。

⑦ 红汤上：似应"或红汤上"。红汤，川菜高级汁之一，由老母鸡、鸭子、猪肘、蘑菇、火腿、猪蹄等熬制而成。

⑧ 玲珑：有小巧明彻意。据制法看，此菜仍用明酿法，其丸子大小与鸽蛋差不多。

⑨ 凤：四川旧有"鱼龙鸡凤菜灵芝"的说法。以后，凡属禽类，多以"凤"美称之。

⑩ 剔：整料脱骨的方法。

⑪ 水鸽：水盆鸽、去毛去脏的鸽子。

⑫ 支：同"只"。

牡丹燕窝

用錼①酿鲫鱼并鱼子②，宜加配调③。

《摘录》：用鱼肉川④酿燕菜，加火腿，醪糟，扣碗⑤蒸，清汤上。

芙蓉燕窝

绒鸡蛋羔（糕）⑥底。

《通览》：火肘（火腿）、脑髓盖面，红汤。

《摘录》：脑花、蛋清⑦底，鸽蛋，清汤上。

春秋燕窝

虾扇⑧，白菜心底。

荷花燕窝

鲫鱼，白菜面，大加配（配合）底⑨。

---

① 錼：不详，疑即今之"糁"。

② 鱼子：四川称"鱼蛋"。此菜似以鱼糁粘鲫鱼片（小鲫鱼洗净，一剖为二，去头、尾、骨，呈花瓣形）和燕窝呈牡丹花形，以鱼蛋做花蕊，蒸熟后装大碗内，注清汤，上。

③ 宜加配调：有适量使用调配料之意。

④ 鱼肉川：今作"鱼糁"。

⑤ 扣碗：定蒸碗。

⑥ 绒鸡蛋糕：如用绒鸡蛋糕，今之"鸡糕"（以鸡茸加鸡蛋清等调匀蒸成的糕状半成品）；如从菜名理解，亦可用绒鸡蛋膏（即以鸡蛋液加汤调匀蒸成的膏状半成品，俗称"芙蓉蛋"）。

⑦ 蛋清：指用蛋清蒸成的"白芙蓉蛋"。

⑧ 虾扇：取虾去壳留尾，虾肉加干豆粉用刀拍成扇形，再于沸水中氽过而成。

⑨ 此菜似以配料垫底，上盖白菜（焯熟），白菜上面用鲫鱼片（修成荷花瓣形、码味、蒸熟）镶成荷花形，燕窝放花中心，注清汤上席。

琉璃燕窝

粉吗（码）①萝卜糸（丝），火腿，青笋底。

《通览》：鸡丝、毛扣（蘑菇）、笋尖、大鸽子，烧鸭底，挂卤。

高升燕窝 ②

百合羔（百合蛋糕）底。

《通览》：虾元底，鸡皮丝、火肘（火腿）、鱼耳（榆耳）、毛扣（蘑菇）、大排骨块四酿（镶③）。

《摘录》：虾元、鱼耳（榆耳）、火腿、鸡片，配合鸽蛋，清汤上。

攒丝④燕窝

杂件⑤糸（丝）底。

《摘录》：配合切丝，底加鸽蛋，清汤上。（原本名"传丝燕窝"）

银丝燕窝

蛋白糸（丝）底⑥。

---

① 粉码：扑干豆粉。

② 此菜命名为高升是指成菜装盘时，要砌成阶梯状，取步步高升意。

③ 镶：镶嵌。

④ 攒丝：将各种丝聚集一起。一般要求是有顺序和规则地（并注意色彩的协调）摆成"风车"形。

⑤ 杂件：动物的内脏。此处指猪的内脏（俗称猪杂）。用于此菜的当是猪上杂，即心、舌、肚等。

⑥ 此菜所用似指用蛋清蒸成的老蛋切成的细丝。

吉祥燕窝

吉祥菜①底。

祥云燕窝

用五色虾扇、绿紫、石耳。

羌桃燕窝

鲜羌桃蒸羔（糕）②，调制大配（搭配）。

银耳燕窝③

银耳底。

鲫鱼燕窝

鲫鱼，配杂件底。

《摘录》：鱼片打川（糁）为底④，加配合切片，红汤
上。

八仙燕窝

用拼蹻⑤（宾俏）大配合⑥，让（镶）鸽蛋。

杏酪⑦燕窝

用杏仁脯。

---

① 吉祥菜：干蕨菜。

② 指将鲜核桃去壳去衣、铡成细粒，再和糁一类的原料蒸制而成的糕状半成品。

③ 原作银"㮾（ruǎn）燕窝"，㮾，应作"檽（ruǎn）"。

④ 如做配料，应先蒸成鸡糕；然后切片垫底。

⑤ 拼蹻（qiāo）：宾俏，各种配料的总称。

⑥ 大配合：配料多的意思，既名"八仙"，配料应有八种左右。

⑦ 杏酪：一种冷吃的甜食品，用杏仁、花仁浆、冻粉等制成。

瞒天燕窝

用南蟹①调配。

翡翠燕窝

用渐青鲜菜（见青鲜菜②），鸡脯调。

鸳鸯燕窝

用双蛋全酿。

《通览》：大鸽子双品、上清汤。

《摘录》：鸡肉③青胪④，火腿、鸡片、笋尖，配合鸽蛋，清汤上。

虾扇燕窝

用虾扇配。

《通览》：鸡丝、毛扣（蘑菇）、贡笋、石耳底、虾膳（虾扇面）。（原本名"虾膳燕窝"）

《摘录》：用虾扇盖面，底用火腿、鸽蛋，配合切片，清汤上。

龙头燕窝

用全酿，龙头样。

---

① 南蟹：海蟹。昔成都人称一些外来品喜在前冠一"南"字。如称金钩为"南虾"；称有海腥味的食品为"南味"等。

② 见青鲜菜：泛指绿叶蔬菜。此菜当以鸡脯肉捶茸，加绿叶菜茸或汁、鸡蛋清等调匀蒸制而成的糕状半成品。此菜因鸡糕呈绿色，故名"翡翠燕窝"。

③ 鸡肉：后有鸡片，此似指鸭肉。

④ 胪（guā）：肥嫩之意。

《通览》：虾料象（镶）成龙头，鸡皮、火肘（火腿）、口毛（口蘑）、大块黄鱼碎（鳇鱼脆[1]）底。

《摘录》：用虾元、鱼元，加火腿、鸡丝酿燕菜，如龙头形，鸽蛋，清汤上。

麒麟燕窝

鸡脂[2]、即鱼（鲫鱼）对拼，镶其林菜（麒麟菜）。

● 附录

◎《通 览》◎

馄饨燕窝 [3]

鸡皮、火肘（火腿）、毛扣（蘑菇），方块[4]，煎鸽蛋[5]。

---

① 鱼脆：也称鱼脑、明骨。一种水产干制品，用鲨鱼、鲟鳇鱼的头骨、腭骨、鳍基骨及脊椎骨接后部的软骨加工而成。

② 鸭脂（shào）：疑为"鸭膥（xiào）"。鸭膥，用鸭肉制成的肉羹。

③ 馄饨燕窝：原作"馄炖燕窝"。馄饨，此指煎鸽蛋形似馄饨。

④ 方块：指以鸡皮、火腿、蘑菇作底，燕菜盖上面呈方墩形。

⑤ 煎鸽蛋：煎荷包鸽蛋，用以围边。

◎《摘 录》◎

荷包燕窝

鱼元对厢（对镶）燕菜，底用火腿、笋尖、鸽蛋配合，清汤上。

如意燕窝

虾、鱼元（虾、鱼料）各一半，果（裹）燕菜，配合切丝，底用鸽蛋，清汤上。

腐老①燕窝

用鸡蛋、鸡皮、火腿、笋尖切片，加鸽蛋，清汤上。

三元燕窝

用鸡、鱼、虾三元。三品厢（镶）火腿、笋尖、鸽蛋，清汤上。

五福燕窝

用杏仁、老豆腐②、火腿、鸡片配合，底用鸽蛋，清汤上。

---

① 腐老：不详。

② 老豆腐：用生豆腐搅碎，再用麻布包好，上笼蒸至起蜂窝眼后取出，漂水中，用时改刀。

金钱燕窝

用鸡茸像酿海参样，切金钱[①]，配合切片，底用鸽蛋，清汤上。

虾仁燕窝

用虾仁盖面，加火腿、鸡蛋，配合鸽蛋，清汤上。

乌龙燕窝

用白鳝蒸，火腿、鸡片，配合鸽蛋，清汤上。

果子燕窝

用白果、山枚梨[②]，肉元、火腿、鸡丝、笋尖，鸽蛋，清汤上。

四喜燕窝

用火腿、冬笋、鸡、大蒜，切棋子块[③]，中白菜心，底鸽蛋，清汤上。

面筋燕窝

面筋、火腿、鸡丝，配合切丝，清烩，银红汤[④]上。

鸡茸燕窝

用鸡茸打川（糁），盖面，配合切丝，鸽蛋，清汤上。

---

① 金钱：指像金钱海参样，用鸡茸（糁）黏合燕窝，再滚成圆柱形（糁在内、燕窝在外），上笼打一火定型取出，晾凉后横切成金钱形，最后定碗（用鸽蛋打底），上笼馏起。走菜时，取出燕窝翻碗内，注清汤上席。

② 山枚梨：何物不详。

③ 棋子块：斜方块（片）。

④ 银红汤：红汤的一种，因汤色似银器氧化后所呈现的红色而命名。

◎《通览》《摘录》并见 ◎

玻璃燕窝

《通览》：大片鸡皮、火肘（火腿）、口毛（口蘑）、毛扣（蘑菇）面，鸡片底。

《摘录》：用鱼耳（榆耳）、虾扇、大片鸡皮，配合鸽蛋清①，挂齿走。

绣球燕窝

《通览》：虾酱内果欠（裹芡），外松仁，面鸡皮、火肘（火腿）、鸡饨炖②。（原本名"毵毵"燕窝）

《摘录》：用鱼、虾攒果元燕菜③，底用鸡丝、鸽蛋，清汤上。

白玉燕窝

《通览》：鸡丝皮（鸡皮丝）、鸡蛋、香菌，底肉丝，清汤。

《摘录》：用火腿、鸡丝、老肉丝、鸽蛋，清汤上。

清烩燕窝

《通览》：龙脑蛋、凤凰（凤凰蛋）④，石耳，无衣面⑤

---

① 鸽蛋清：应指用鸽蛋清蒸成的蛋糕（或芙蓉蛋）。

② 饨炖：疑即"浑炖"，此当指炖全鸡。浑，有全、完整意。

③ 用鱼、虾攒果元燕菜：用鱼、虾茸团（tuán）圆裹燕菜。

④ 龙脑蛋、凤凰蛋：何物不详。

⑤ 无衣面：有装碗无层次、混杂在一起的意思。

（原本名"烩燕窝"）

《摘录》：用龙脑蛋、凤凰蛋、石耳、火腿、鸡皮、笋尖配合，清汤上。

八宝燕窝

《通览》：杏仁、桃仁、鸡、火肘（火腿）、口毛（口蘑）面，底肉片，挂卤。

《摘录》：用桃仁、杏仁、莲米、芡实、火腿、苡仁、扁豆、老肉丁，清汤上。

凤尾燕窝

《通览》：白粉[①]缠一头，丝开（撕开），鸡片、鸽蛋，方块底[②]。

《摘录》：用鱼料、白粉缠一头，鸡蛋、火腿、鸡丝、笋尖、鱼耳（榆耳），清汤上。（原本名"凤毛燕窝"）

玉带燕窝

《通览》：鸡丝、毛扣（蘑菇）、海带。

《摘录》：火腿丝、鸡丝、笋尖、蘑菇，海带缠，底鸽蛋，清汤上。

灯笼燕窝

《通览》：鸡皮、杏仁、腌韭菜，清炖鸡底。

《摘录》：用桃仁、杏仁、腌韭菜、鸽蛋、火腿、口

---

① 白粉：粉条、粉丝。

② 方块底：似指装碗（盘）时，用鸡片、鸽蛋垫底，并摆成方形。

蘑，底用鸡，清炖上。

十锦燕窝

《通览》：鸡皮、香菌、火肘（火腿）、鸽蛋，清汤。

《摘录》：各样配合切丝，鸽蛋，清汤上。

埋伏燕窝

《通览》：鸡皮、鱼耳（榆耳）、笋尖、火肘（火腿）、鸽蛋，清汤。

《摘录》：用鱼耳（榆耳）、火腿、鸡片、鸽蛋，均盖面，清汤上。

把子燕窝

《通览》：鸡皮、火肘（火腿）、香菌、鸡蛋、毛扣（蘑菇），清汤底。

《摘录》：用带丝①捆燕菜，配合切丝，底加鸽蛋，清汤上。

千层燕窝

《通览》：虾料底，鸡蛋、石耳、笋皮②、毛扣（蘑菇）、鸡皮片。

《摘录》：加十耳（石耳）、火腿、鸡片，清汤上，底用虾米羹。

---

① 带丝：海带丝。

② 笋皮：笋衣。

清汤燕窝

《通览》：火肘（火腿）、笋尖、毛扣（蘑菇），上笼。

《摘录》：配合切丝，加鸽蛋，清汤上。

三鲜燕窝

《通览》：鸡皮、火肘（火腿）、鱼耳（榆耳）、冬笋片、黄牙（黄芽）[①]。

《摘录》：鱼耳（榆耳）、火腿、笋尖、加鸽蛋配合，清汤上。

福寿燕窝

《通览》：大虾仁、鸽蛋底。清炖汤。

《摘录》：虾仁、青菜、炖鸡，配合鸽蛋，清汤上。

冰糖燕窝

《通览》：豆呷[②]底。

《摘录》：老豆腐[③]、冰糖对蒸[④]，出，糖汁上。

螃蟹燕窝

《通览》：虾（蟹）盖面，不用底。

《摘录》：用蟹黄盖面，底配合切丝，银红汤上。

---

① 黄芽：黄芽白，又称大白菜、黄秧白、卷心白。

② 豆呷（zá）：详见"摘锦类"附录一"豆呷"。

③ 老豆腐：疑为豆腐脑，四川俗称"豆花"。

④ 对蒸：指将燕菜加冰糖上笼蒸好。

◎ 鱼翅略计 ◎

词曰临江仙

鱼翅口称淡水[1]妙，脊翅不差公毫[2]。青翅[3]骨多忒薄梢[4]，钩翅[5]不可用，排翅[6]净漂胶。玉脊翅雪白如银[7]，条鱼尾翅胼賹[8]。腥臊只有堆翅性[9]，枯槁铄滴勤换水[10]，一烂最为高。

① 淡水：淡水翅，用日光晒干，体轻质好。

② 脊翅：背翅。背翅肉少翅多，质好，属上品。

③ 青翅：胸鳍，又名上青翅、荷包翅。此翅肉多翅少，质较差。

④ 梢：原误作"稍"。

⑤ 钩翅：尾鳍。此翅肉最多、翅少，是最差的一种。

⑥ 排翅：涨发后形整完好的翅。属上品，又称"排把翅"。

⑦ 玉脊翅雪白如银：此句抄本作"玉吉翅雪白如银"。玉脊翅，脊翅中的上品，色泽透明发亮。

⑧ 胼（pián）賹（ài）：不详。

⑨ 腥臊只有堆翅性：此句抄本作"腥臊只有堆翅性"。堆翅，散翅，俗称"猫毛翅"，质较差。

⑩ 枯槁铄滴勤换水：依调此句当为五字，多出二字。铄滴，疑即"汆涤"。

◎ 四季贮全配 ◎

鱼脯鱼翅

制法：清鲹①，拖泥②并鱼脯③配合，清汤。

桂花鱼翅

用蛋黄、鸡绒（鸡茸）、虾仁炒。

《摘录》：鸡脯捶茸，加蛋黄炒烩，配合火腿茸上。

蟹螯④鱼翅

用蟹炒。

鸡蒙鱼翅

用鸡绒（鸡茸）盖。

虾爆鱼翅

用虾仁炒。

凤尾鱼翅

用虾酿，加配合。

《通览》：鸡丝、火肘（火腿）、鱼料，果欠（裹芡），上笼蒸。

《摘录》：用鱼、鸡捶茸，白粉缠一头，一样丝⑤底，

---

① 清鲹（sǎn）：清余。

② 拖泥：鱼的肚当部分。

③ 鱼脯：鲜鱼洗净，去头、尾后一剖为两大片，再去骨刺和肚当即成鱼脯。

④ 蟹螯：蟹大夹，此泛指蟹。

⑤ 一样丝：指将配料切成如鱼翅粗细的丝。

清汤上。

绣球鱼翅

用虾让（酿）。

《通览》：鸡丝、火肘（火腿）、香菌、鱼、馄炖[1]，上银汤（银红汤）。（原本名"琇球鱼翅"）

《摘录》：用鱼、虾料，焜炖，配合红汤上。

八宝鱼翅

用果餤（果馅）酿。

三丝鱼翅

鸡系（鸡丝）、火腿（火腿丝）、青笋系（青笋丝）。

鳂鱼[2]鱼翅

红烧。

鸡酪鱼翅

炒。

《摘录》：鸡脯捶茸，对蛋清调和，火腿末，清汤。（原本名"鸡呷鱼翅"）

橄榄鱼翅

用火腿、虾酿。

《通览》：鸡丝、笋尖、果欠（裹芡），上清汤。

《摘录》：用虾仁果（裹）鱼翅，加蛋配合，清汤，

---

[1] 馄炖：疑作"浑炖"。因此菜呈球形，故如此说。下《摘录》"焜炖"，其义亦与此同。

[2] 鳂鱼：何物不详。

上。（原本名"青果鱼翅"）

白菜鱼翅

青炖（清炖），配调。

《摘录》：用白菜心、鸡油，边加配合切丝^①，蒸，清汤上。

清汤鱼翅

清炖。

《通览》：鸡丝面，加配合，上清汤。

《摘录》：配合攒丝，底加白菜心，清汤上。

红烧鱼翅

全烧^②。

《通览》：生肉丝、生鸡丝、火肘（火腿）、冬笋配合，不用底。

《摘录》：生鸡、生肉、笋尖切片配合，红烧上。

稀卤鱼翅 ^③

用流欠（流芡），满烩^④。

---

① 配合切丝：指围边的配料要切成丝。

② 全烧：指将主辅料一同入锅烧。

③ 稀卤鱼翅：此菜原作"浠卤鱼翅"。

④ 满烩：汤多之谓，量以盛满碗的八分为度。多用于羹汤类菜肴；亦有将所用原料全部下锅烧烩之意。

鱼片鱼翅①

鱼片底，清汤。

银耳鱼翅

艮耳（银耳）底，大加（搭加）六腿片（火腿片）、鸡皮。

佛手鱼翅

用酿，鱼囗（原字不清）镶。

把儿鱼翅②

用囗（原字不清），令缠。

《摘录》：用九菜（韭菜）、炒笋，加配合切丝，法菜（发菜）捆，清汤上。（原本名"把耳鱼翅"）

● 附录

◎《通 览》◎

芦条炖鱼翅

粗肉丝、葫芦③条，银红，代茜（带芡）。

---

① 鱼片鱼翅：原作"鱼吽鱼翅"。

② 把儿鱼翅：抄本作"吧哷鱼翅"。把儿，小把子之谓。

③ 葫芦：葫芦瓜。

酿鱼翅

虾配火肘（火腿）、毛扣（蘑菇）、鸡皮酿（镶）底，清汤。

螃蟹鱼翅

鸡丝、火肘（火腿）、毛扣（蘑菇）各料，上清汤，螃蟹底。

◎《摘 录》◎

芙蓉鱼翅

蒸鸡蛋底，配合切丝，清汤上。

蟹黄鱼翅

蟹黄盖面，底火腿、鸡、笋丝，青烩（清烩）上。

厢品① 鱼翅

用鱼膏（鱼糕）对厢（对镶）盖面，加火腿、鸡、笋丝，清汤上。

鸡茸鱼翅

用鸡脯捶，对蛋清打川（糁），茸盖面，加火腿末，清汤上。

清烩鱼翅

用丝配合，底加白菜心，清烩上。

---

① 厢品：似应作"镶拼"。

牡丹鱼翅

用鱼肉、猪肉、火腿酿鱼翅，加醪糟，扣碗蒸，清汤上。

奶汤鱼翅

用猪蹄、鸡块炖，底白菜心，清烩上。

虾元鱼翅

用虾元对厢（对镶），加配合，挂二流芡①上，底随配。

白肺鱼翅

心肺灌出水②，炖好，切丁配合，青烩（清烩）上。

龙头鱼翅

用虾、鱼元、火腿酿，配合切片，老肉底，清汤上。

野鸡鱼翅

野鸡丝，肉去皮切丝，配笋，烩上。

十锦鱼翅

各料配合切丝，清汤上。

杏卤鱼翅

鱼翅蒸好，晾干，加配合切丝，也可切片，杏仁汁拌。

---

① 二流芡：玻璃芡。

② 心肺灌出水：应作"心肺灌去血水"。心肺，猪肺，成都人习惯称"心肺"。

◎《通览》《摘录》并见 ◎

水晶鱼翅

《通览》：虾仁、鱼①果（裹），上清汤，酿（镶）鲍鱼。

《摘录》：用鲫鱼、虾对厢（对镶）为中，底配合，清汤上。

鸡炖鱼翅

《通览》：大块，银红汤欠（银红汤芡）。

《摘录》：子鸡红烧，收干，配合银红汤上。

荷花鱼翅

《通览》：大鲫鱼去骨，蒸过做底。鸡皮、火肘（火腿）、毛扣（蘑菇），大挂块②。

《摘录》：用大鲫鱼去骨做底③，配合清汤上。

凉拌鱼翅

《通览》：红肉④片、火肘（火腿）、毛扣（蘑菇）、鸡皮同拌。

《摘录》：用红、白肉蒸，加鸡丝、火腿配合，用拌上。

---

① 虾仁、鱼：虾仁、鱼均应制成茸糊。

② 大挂块：原文如此，何意不详。

③ 做底：鲫鱼片做底时，应摆成荷花形。

④ 红肉：应指卤猪肉或红烧肉。

麻辣鱼翅

《通览》：麻酱、各样下锅，勾茜①（勾芡）；麻哺（麻腐），凉拌，改一字条，挂卤。

《摘录》：用麻酱、香油拌，走油②，配合清烩，上胡椒面③。

鳝丝鱼翅

《通览》：膳鱼丝（鳝鱼丝）、上银红汤，加韭菜头。（原本名"膳鱼鱼翅"）

《摘录》：鳝丝，加配合切丝，清汤上。

鸳鸯鱼翅

《通览》：鸡容（鸡茸）、火肘（火腿）、香菌、鸡皮、韭菜双并（拼），上银汤（银红汤）。

《摘录》：用雀肉，九菜（韭菜）缠，加配合，红汤上。

虾仁鱼翅

《通览》：虾蟆（虾仁）底。

《摘录》：虾仁盖面，底用传丝（攒丝），清汤上。

木须鱼翅

《通览》：鸡丝、火肘（火腿）、青笋、口毛（口蘑）丝、蛋黄、肉丝。

---

① 勾茜：此即麻腐的制作程序。麻腐，味含麻酱，形似豆腐。

② 走油：原文为此，何意不详。

③ 从上两种做法看，前者可称"麻腐鱼翅"，后者可叫"麻酱鱼翅"，与今之麻辣的概念全不相同。

《摘录》：加丝配合，鸡蛋炒，清烩上。

火把鱼翅

《通览》：鸡丝、火肘（火腿）、香菌，外加配合，红汤。

《摘录》：切丝配合，海带捆，底用鳝丝，红汤上。

三鲜鱼翅

《通览》：鸡丝、火肘（火腿）、青笋各料，肉丝，清汤。

《摘录》：用鸡、鱼、鸭为三鲜，切丝，配合清汤上。

清品鱼翅

《通览》：五花肉砍骨排块（骨牌块），上银汤（银红汤）。

《摘录》：用五花肉、排骨块双品，配合切片，红汤上。

甲鱼炖鱼翅

《通览》：甲鱼生砍大块，红汤炖。

《摘录》：甲鱼切大块，红炖，配合红汤上。（原本名"甲鱼鱼翅"）

爪尖鱼翅

《通览》：猪爪，光底①，银红汤，白菜，茜（芡）收干。

<hr>

① 光底：无其他配料做底。

《摘录》：用猪蹄爪，红烧，收干，红汤上。

糊辣鱼翅 [①]

《通览》：火肘（火腿），鸡皮、香瓜、鸡面 [②]，红肠，挂茜（芡）。

《摘录》：火腿、鸡片、笋尖，老肉底，红汤上。（原本名"付辣鱼翅"）

鸭子鱼翅

《通览》：老鸭子，上清汤。

《摘录》：用鸭肉双品，配合清汤上。（原本名"填鸭鱼翅"）

◎ 海参略计 ◎

词曰浪淘沙

海参烹十番 [③]，法制 [④] 水銗 [⑤]。微火慢煨性也悭 [⑥]，砂净肠去刺休伤，一看可□ [⑦]。调配宜新鲜，虾酿鱼粘。异样疑

---

① 糊辣鱼翅：抄本作"护腊鱼翅"。糊辣，糊辣汤（今胡辣汤），将汤用芡收浓成稀糊状，味酸辣（用盐、醋、姜、胡椒面等调成），多用调羹舀食。

② 面：指用火腿、鸡皮、香瓜、鸡肉盖面。

③ 海参烹十番：抄本作"海参烹石番"。十番，海参之一种。

④ 法制：传统制法，有"如法炮制"之意。

⑤ 水銗：疑即水枭。

⑥ 悭（qiān）：本意吝啬，此指海参的质地绵韧，非微火慢煨不能发透。

⑦ □：何字不详。

式用心专，红白随意自思筹①，味美为先。

◎ 四季全配 ◎

玉兰海参

用鸡蛋白咘炙玉兰花②，流欠（流芡），满烩。

太极海参

计刀（剞刀），红白酿。

方酥海参

艮白肉（匀白肉③），计刀（剞刀），加蛋清走油，收干。

玻璃海参

用鸽蛋清拌蒸，计刀（剞刀），烩。

《通览》：直片④，火肘（火腿）、笋尖、虾膳（虾扇），红汤，挂茜（芡）。

《摘录》：虾扇、鸡片、火腿、清烩，挂卤上。

玉带海参

酿。

绣球海参

横切，果酿（裹酿）。

---

① 红白随意自思筹：原作"红白谁意自思路"。思筹，有思考、考量计划之意。

② 用鸡蛋白咘炙玉兰花：应作"用鸡蛋白制玉兰花瓣"。

③ 匀白肉：肥瘦相连的猪肉，多用猪腿肉。

④ 直片：顺着海参切片。

《通览》：虾元果（裹）蛋、香菌、火肘（火腿），小笼（上笼），清汤。（原本名"琇油海参"）

麻腐海参①

麻底（麻腐底）。

《通览》：鸡丝、火肘酿核桃（火腿镶核桃），芝麻酱拌麻脯（麻腐）。（原本名"芝麻脯海参"）

《摘录》：麻脯糕（麻腐糕）、鸡、虾盖面，配合烧，红汤支子（滋汁）上。（原本名"扬州海参"）

十景海参

金糸（丝）烩。

《通览）：各样随做，红汤，无底。

《摘录》：用各样配合，清汤上。（此菜《通览》《摘录》本均名"十锦海参"）

杂合海参

大配合，满烩。

《摘录》：肚子、酥肉、元子、山药底，清汤上。（原本名"杂烩海参"）

芥末海参②

帘根条③，拌。

---

① 麻腐海参：抄本作"麻脯海参"。

② 芥末海参：抄本作"介末海参"。

③ 帘根条：疑作"连枷条"，原料成形语，因形似农具连枷而得名。

《通览》：鸡丝、笋尖、黄瓜、木耳、青笋、鸡皮底。

《摘录》：用虾仁、芥茉（芥末），外加配合同拌上。

（此菜《通览》《摘录》本均名"芥茉海参"）

金钱海参

酿。

《通览》：虾酿海参，杂办[1]。

《摘录》：用鸡茸酿海参，切金钱样，外加配合，清汤上。

如意海参

双酿[2]。

《摘录》：用虾、鱼元（虾、鱼茸）、火腿酿在海参内，切一字条，外加配合，红汤上。

石榴海参

用蛋皮包酿，面嵌海参。

《通览》：鸡皮、虾料果火肘（裹火腿），上笼蒸，锅烧。

《摘录》：生肉[3]去皮，打花[4]，扣碗，加冰糖、酒，抄菜叶[5]放碗内，蒸好去皮（去叶），用胭脂[6]点色，切一字

---

① 杂办：杂拌。

② 双酿：海参片薄片，两头抹糁，再对裹成如意形。

③ 生肉：疑即海参。

④ 打花：剞十字花刀。

⑤ 抄菜叶：用菜叶包海参（花刀面向外），用以定型。

⑥ 胭脂：食红。

条，红上[1]。

万卷海参

用卜片（薄片）细卷[2]，加虾扇。

爪尖海参

红烧。

《通览》：银红汤，冬笋，收干。（原本名"猪蹄海参"）

《摘录》：用猪蹄、冬笋红烧，收干，外加配合，挂支子（滋汁）上。（原本名"炖蹄海参"）

马蹄海参

用炸抄手[3]。

麻辣海参

用姜汁脯[4]拌。

《通览》：鸡丝、火肘（火腿）、毛扣（蘑菇）各料，红汤。

《摘录》：外加配合，用麻酱、胡椒面、好醋、香油，烩拌上。

---

① 红上：挂红汁上桌。

② 细卷：卷成细卷。

③ 抄手：四川称馄饨为抄手。此菜又名"抄手海参""响铃海参"。

④ 姜汁脯：原文如此。

碧玉海参

用蛋羔[①]（蛋糕）熘。

三鲜海参

用鸡、鱼、蛋饺，玲珑元[②]。

《通览》：肉底。

《摘录》：用鸡、鸭、海参为三鲜，加配合，清汤上。

● **附录**

◎《通 览》◎

红烧海参

海参各料会（烩），红汤，挂茜（芡）。（原菜名误作
"红烧甲鱼"，径改）

茄子海参

茄子去油（走油），元[③]，双并（双拼），底鸡冠油。

虾扇海参[④]

鸡片、火肘（火腿）、冬笋、虾膳（虾扇），红汤，无底。

---

① 蛋羔：应是用鸡蛋蒸成的老蛋糕。羔，同"糕"。

② 玲珑元：丸子精美小巧。此指鸡元和鱼元。

③ 元：似指将茄子切成圆片，裹蛋豆粉走油。

④ 虾扇海参：原作"虾膳海参"。

螃蟹炖海参

螃（螃蟹）、虾元、肉底。

黄鱼筋① 炖海参

火肘（火腿）、鸡皮、毛扣（蘑菇）烩。

◎《摘 录》◎

鲫鱼海参

用鲫鱼红烧，切大块，外加大蒜配合，老肉底，清汤上。

熘海参片

外加配合炒熟，炸酥，做底；或用锅巴炸酥也可。

黄鱼海参

用鱼片，外加配合，红汤上。

芝麻海参

鸡皮、火腿、笋片、王瓜、木耳、青笋、片粉，烩上，走加芝麻油。

千张② 海参

用虾仁，外加配合，清汤上。

---

① 黄鱼筋：又称"鱼信"，为鲨鱼、鲟鳇鱼脊髓的干制品。

② 千张：豆腐皮。

蝴蝶海参

海参切大片，加肉川（肉糁），各料配合，切丝安须，底水肉片[1]，清红（清汤）上。

酿海参

用小圈参酿虾元（虾茸）、瓜力糕[2]，外加配合，红汤上。

桂枝海参[3]

用生肉打花，切大块，白糖，外加配合，清烩上。

果子海参

山药、白果、莲子、扁豆、枝梨[4]、桃仁，外加配合，清烩上。

万字海参

用生肉打花，切大块，加糖浮（糟浮）[5]，定万字格[6]，外加配合，清汤上。

白合海参

用心肺、火腿、笋尖、鸡，切小丁，清烩上。

---

① 水肉片：水滑肉片。

② 瓜力糕：何物不详。

③ 桂枝海参：此菜名疑作"荔枝海参"。

④ 枝梨：不详。

⑤ 糟浮：醪糟浮子，即米酒。

⑥ 万字格：菜品装碗定型的一种格式，多用于蒸菜。因形如"卍"字，故名。

一品海参

用火腿、鸡肉酿在海参内，笋尖、毛菇（蘑菇）、大蒜走油，生烧，红汤上。

蜈蚣海参

猪横喉①煮好，切，配合清汤上。

鸭腰海参②

鸭么（鸭腰）出水，用海参对相（对镶）扣碗，蒸，底配合，清汤上。

香片海参

用香元（香橼），切大片。

八宝海参

莲子、苡仁、芡实、扁豆、火腿丁配合，海参切四方块，盖面，清汤上。

鱼饼海参

用鱼饼③，火腿切八字块④，红汤上。

鸽子海参

用生肉切条，冰糖、酒抄⑤菜，吊蒸⑥，肉点红，配合红

---

① 猪横喉：猪的软喉管。此菜因猪横喉切成蜈蚣形，故名"蜈蚣海参"。

② 鸭腰海参：抄本作"鸭么海参"。鸭腰，鸭肾。

③ 鱼饼：将鱼糁装入小碟内，上笼蒸制而成。

④ 八字块：原料成形语，因形似"八"字而得名。

⑤ 抄：有拌和之意。

⑥ 吊蒸：不详。

汤上。

◎《通览》《摘录》并见 ◎

鸳鸯海参

《通览》：虾蟆[①]、鸡品底（拼底）。

《摘录》：用虾蟆、鸡胭（拼），外加配合，清汤上。

玛瑙海参

《通览》：肺底，拌鸽蛋，红汤。

《摘录》：用心肺，加配合，切片，清汤上。

火烩海参

《通览》：蹄筋，各料，红汤。

《摘录》：蹄筋、火腿，加配合，红汤上。（原本名"火炖海参"）

松仁海参

《通览》：横片，松仁、火肘（火腿）、鸡皮、青笋，不用底。

《摘录》：松子仁、火腿、青豆、笋丁、鸡丁，清烩上。

---

① 虾蟆：指青蛙之类。

卤拌海参

《通览》：子盖①炖好，改刀，去油（走油），上碗。

《摘录》：火腿、笋片、鸡片，子菜（子盖）走油，改刀，清烩上。

菊花海参

《通览》：红海参②计边（剞边），用虾仁，加鱼料，并马牙肉③。

《摘录》：虾仁、鱼料，外加配合蒸，切马牙肉，扣碗，清汤上。

鸭子海参

《通览》：白炖，加火肘（火腿）。（原本名"鸭子"，缺"海参"二字）

《摘录》：鸭肉、肘子炖好，切一字条，海参盖面，白汤④上。

松肉海参

《通览》：面加各料，松仁底，挂卤。

《摘录》：用肉松，外加配合，青挂卤（挂清卤）上。

---

① 子盖：指肥膘与瘦肉之间的一层，又称"脂盖"。

② 红海参：疑为"红烧海参"。

③ 马牙肉：马牙，原料成形语。马牙肉即是将猪五花肉焯水捞起，改成长方条，并按其厚度从皮向里、逢中顺切一刀（要求进刀一半），然后将肉打横，等距切（仍只进刀一半）五刀一断。因形似"马牙"，故名。

④ 白汤：应是炖鸭、肘的原汤。

三元海参

《通览》：虾元、肉元同烩，挂卤，上碗。

《摘录》：鸡肉、虾元，外配合底，清汤上。

肝油海参

《通览》：鸡冠油、干禾①，红汤，挂卤。（原本名"干油海参"）

《摘录》：猪肝子、鸡冠油出水，切块，加大肠红烧，配合红汤上。

◎ 鱼肚略计 ◎

词曰醉花阴

脍炙腥羹鱼肚好，油烹性宜老，绿云②取宝色③，预先焙烤，砟重④透还蚤⑤。甘美淡艳鼎贮巧，漂嫩难逢少。清炖荷包肚⑥，一焖就了，若蒸没处找。

---

① 干禾：当作"酥肝"，猪肝经红烧后质地酥散。

② 绿云：绿云取谓美从之发多而黑，用在此处，不解何意。

③ 宝色：指鱼肚优者色泽明亮有如珠宝。

④ 砟（zá）重：砟亦作"𥕢"，水激石貌，此指何物不解。

⑤ 蚤：通"早"。

⑥ 荷包肚：肥泡鱼鳔的干制品，质软，最宜清炖。如蒸容易化，故下有"若蒸没处找"之语。

◎ 四季贮略 ◎

把儿鱼肚 ①

并切莲子棍②，配合，腌韭菜缠。

《摘录》：切丝配合，法菜（发菜）捆，清汤上。（原本名"把子鱼肚"）

清炖鱼肚

卜片（薄片），花酿③，到扣。此系"葵花鱼肚④"。

葵花鱼肚

见前。

如意鱼肚

对果（对裹），双酿。

发菜鱼肚

对拼。

芥末鱼肚 ⑤

凉拌。

温卤鱼肚

加杂件。

---

① 把儿鱼肚：抄本作"吧咡鱼肚"。

② 莲子棍：疑为原料成形语。

③ 花酿：鱼肚片薄片，修成花瓣形，再用糁或肉浆、蛋清、豆粉粘成花形。

④ 葵花鱼肚：原抄者笔误，将"葵花鱼肚"的制法抄在了"清炖鱼肚"下。

⑤ 芥末鱼肚：抄本作"蕹末鱼肚"。

虾片鱼肚

清烩。

桂蕊鱼肚

蛋黄、遂虾（碎虾），胀全①。

千层鱼肚

卜片（薄片），夹酿。

《摘录》：用五色川（糁），酿一层，肚一层，加配合，清汤上。

紫菜鱼肚

围拼②。

腐衣鱼肚

用衣（腐衣），全烩，大加配合（搭加配合）。

竹萌鱼肚 ③

用盐笋拌。

万字鱼肚

酿④，到叩（扣）。

---

① 胀全：原文如此。

② 围拼：原作"微拼"。这里指用紫菜围边。

③ 竹萌鱼肚：原作"竹明鱼肚"。竹萌，竹笋。

④ 酿：指将鱼肚片成薄片，酿糁成卷，上笼蒸定型取出，切短截，再于蒸碗内定万字形。走菜时取出翻扣盘（碗）内，挂汁或注清汤。

蟛蜡 ① 鱼肚

用蟹烹。

青笋鱼肚

用青笋熘。

麻酱鱼肚

用麻酱拌。

缠丝鱼肚

细糸果（细丝裹）。

凉拌鱼肚

拌。

稀卤鱼肚 ②

流欠（流芡），加全 ③。

● **附录**

◎《摘 录》◎

清汤鱼肚

加配合，清汤上。

———————————

① 蟛（péng）蜡（huá）：彭蜡，蟹的一种。

② 稀卤鱼肚：抄本作"西卤鱼肚"。

③ 加全：不详。

佛耳鱼肚 ①

用鱼肚煨炖，切象牙块，搊摆（拼摆），冰糖，红汤上。

白肺鱼肚

心肺出水，炖好，清汤上。

绣球鱼肚

配合切丝，加鸡川（糁），做绣球样，清汤上。

榆肉 ② 鱼肚

俞肉对厢（榆肉对镶），清汤上。

奶汤鱼肚

加牛奶、豆浆、白糖，白汤上。

莲花鱼肚

用红、白川（糁）酿，加白菜心对厢（对镶），清汤上。

芙蓉鱼肚

蛋糕③底，清汤上。

---

① 佛耳鱼肚：抄本作"冨（fú）耳鱼肚"。

② 榆肉：榆耳。

③ 蛋糕：此菜应以蒸芙蓉嫩蛋为好。

◎ 鱼脆[①]略计 ◎

词曰雨中花[②]

鱼头二种[③]仔细认，若发时青软黄硬[④]。泡制刷洗净，甜水可蒸咸水不可炖。去筋发开又脆嫩，再炙炟[⑤]总要存性[⑥]。汤浆数到胜，避腥味正，红白随心应[⑦]。

◎ 四季杂录 ◎

玛瑙鱼脆

红烧，清汤。

雪花鱼脆

用鸡酪（鸡㕭）炒。

鱼脯鱼脆

用鱼脯熘。

---

① 鱼脆：鱼头，又称"鱼脑"。

② 调牌名应作"茶瓶儿"。

③ 鱼头二种：系用鲨鱼、鲟鳇鱼的头骨等加工而成，故言"鱼头二种"。

④ 若发时青软黄硬：抄本作"若泛时青软黄硬"。

⑤ 炟（pā）：四川方言，有熟软而形整不烂之意。

⑥ 存性：保持鱼脆的脆性。

⑦ 红白随心应：原句作"红白谁心应"。红、白，指汤的颜色。

荷花鱼脆

用配合，清汤。

珍珠鱼脆

用虾仁炒。

木樨鱼脆

用蛋黄、南虾肉子烹。

蟹黄鱼脆

用蟹炒。

燹①炙鱼脆

火烧。

清品鱼脆②

用鸭古③，烩。

水晶鱼脆

咸、甜随意。

琥珀鱼脆

艮红汤（银红汤），加耳黄④。

三元鱼脆

用鸡、鱼、肉元，杂调。

---

① 燹（xiǎn）：指火。

② 清品鱼脆：原作"青腘鱼脆"。

③ 鸭古：疑为"鸭舌"之误。

④ 耳黄：疑为"黄耳"。

● 附录

◎《通 览》◎

炖鳇鱼脆①

火肘（火腿），生鸡、毛扣（蘑菇），炖。

◎ 各种海味略计 ◎

词曰赏花时

休伤原汤鲍易欢②，鲦鲦洁漂取井泉，茸筋摘海蜇，连炙水母，忌洗潮盐③。唇宜燎、魦螺旋④，发泡沙张制裙边⑤，换水要勤防胶粘。贡干西舌燕⑥，银鱼略闻，种种咔新鲜。

---

① 炖鳇鱼脆：抄本作"炖黄鱼碎"。

② 休伤原汤鲍易欢：抄本作"休伤元阳鲍易欢"。原汤，泡鲍鱼的原汁。欢，四川方言，有安逸、舒服之意。用在此处有发透的意思。

③ 忌洗潮盐：赏花时此句应为五字。

④ 唇宜燎、魦螺旋：此六字为衍文。燎，原作"熮（liǔ）"。魦，不详。

⑤ 发泡沙张制裙边：抄本作"泛泡沙张制群边"。

⑥ 贡干西舌燕：抄本作"贡虾蛋舌燕"。贡干，即蛏干。西舌，即西施舌。燕，即海燕。

◎ 鲍鱼累计 ◎

金钱鲍鱼[①]

元汁（原汁）休伤，不可换水，慎云云。

《通览》：小鲍，鱼砍斗方块[②]，红汤收干。

《摘录》：鲍鱼打花，改金钱片，小鱼肉改方块，红烧上。

烧鲍鱼脯

大肉、烧整（整烧），制法照前。

《通览》：大肉，酒收干。（原本名"鲍鱼脯"）

熘鲍鱼块

随配件头[③]。

《摘录》：加火腿片，鲍鱼打花，切双条[④]，香油、豆粉上。（原本名"熘鲍鱼"）

嫩鲍鱼片

计刀（剞刀），制法见前。

清炖鱼唇

清汤，加大鸡皮、火腿块。

---

① 金钱鲍鱼：鲍鱼的一种，体小如拇指大小。因形似金钱，故名。当时所用多为罐头。

② 斗方块：正方块。

③ 随配件头：根据菜品需要，使用配料和确定配料的样数。

④ 双条：两刀一断的条块。

全景鱼唇

用豆府皮（豆腐皮）、青笋会（烩）。

蟹烧鱼唇

用蟹黄会（烩）。

百页 ① 明脯 ②

用鸽蛋片、石耳会（烩）。

燹炙明脯

红烧，香油收。

茄烧明脯

用茄拼。

烧明脯块

法制，香油收。

十景鱼皮

并切一字条会（烩）。

满州鱼皮

长条，青笋、肉糸（肉丝），烧。

鸡绒鱼皮

用鸡泥炒。

桂花鱼皮

用蛋花（蛋黄）、火腿会（烩）。

---

① 百页：豆腐片，又叫千张、豆腐皮。

② 明脯：蜈蝻鲞，又称墨鱼干，下同。

荔枝鱿鱼

计刀（剞刀），烧。

熘建鱿鱼

用建鱼①，元汤（原汤）錂②。

清錂鱿鱼

用薄片焌，加石耳。

烩鱿鱼片

錂（焌）炟，烩。

红烧鱼尾

用田鸡炖（烧）。

笋炙鱼尾

用青笋、口毛（口蘑）烧。

烧带鱼条

用肉、大蒜烧。

萝卜烧带鱼

用萝卜炖。

鲜酿鱼肠

肉酿、香油收。

烹熘鱼肠

冬笋、火腿、虾。

---

① 建鱼：疑为福建所产鱿鱼。

② 錂：疑应为"焌（qū）"。焌，一种烹调方法，下同。

南糟海蛏

用南糟蒸。

全炙海蛏

用可□（原字不清）。

蒜烧西舌

用肉片炒。

鲜焖西舌

红烧。

白菜海蜇

青会（清烩）。

酱炙海蜇

用酱、蒜炒。

马牙淡菜

用马牙肉拼。

烩淡菜弦

鲜烩。

酥造银鱼

走油，上桌拨汤。

《通览》：一、酱油、香油、醋、葱、姜，收干；二、灰面①拌鱼肉丝，白蒸，品（拼），上。（原本名"酥银鱼"）

---

① 灰面：成都俗称面粉为灰面。

干爆银鱼

炒。

烹熘蜇卷

烹。

清炖蜇皮

用清汤烩。

全炙蛏干 [1]

红烧。

燹酿蛏干 [2]

肉酿，红烧。

大烧裙边

用大肉、鸡烧。

酱烧裙边 [3]

用酱汁焖。

鲜烩青螺

用配合。

祥云青螺

用各种配调。

白玉鱼蛋

用鸡蛋、鱼蛋，计刀（刴刀），烩。

---

[1] 全炙蛏干：抄本作"全炙蛏贡"。

[2] 燹酿蛏干：抄本作"燹酿贡蛏"。

[3] 酱烧裙边：原作"酱焖群边"。

满烩鱼蛋

用各件配合。

红烧瑶柱

红烧，块。

青丝瑶柱①

烩。

干炸海燕

油炒。

凉拌海燕

拌。

● 附录

◎《通 览》◎

鲍鱼烩豆腐

鲍鱼片，豆腐骨排块（豆腐切骨牌块②）。

炖黄鱼

肉大骨排块（肉切大骨牌块）。

---

① 青丝瑶柱：原作"青系瑶柱"。青丝，疑应为"发菜"。

② 骨牌块：原料成形语。因形似旧时赌具"骨牌"而得名。

炖黄鱼筋

火肘（火腿）、鸡皮、毛扣（蘑菇），炖。

烩鱼脑

各样折会（拆烩），上笼。

烩鱼羹

各料随配，银鱼，各样。

淡菜

肉片、五香□（原字不清）、红汤，勾茜（勾芡）。

□鱼

洗干净，文□（原字不清），酒炖，红汤。

青螺①

小丁配合，上□□（原字不清）。

◎《摘 录》◎

酸辣鲍鱼

鲍鱼打花、切条，配合辣子、醋，熘上。

麻辣鲍鱼

鲍鱼打花、切条，配合花、胡椒，熘上。

---

① 青螺：原作"青蠑"。

怀胎鲍鱼

鲍鱼切火夹片[①]，包鱼肉，豆粉果（裹），走油，熘上。

红烧鲍鱼

鲍鱼打花，方块（切方块），加老肉，红烧上。

三元鲍鱼

鲍鱼打花，切方块，扣碗，加虾、鱼、鸡元，清汤上。

稀卤鲍鱼 [②]

鲍鱼打花，切条、加肉泥，红上。

清烩鱼皮

加配合，清烩上。

金银鱼皮

用红汤烧，加肉炖，上不见肉，加红菜豆厢边（镶边）。

稀卤鱼皮 [③]

加肉泥，红烩上。

◎《通览》《摘录》并见◎

樱桃鲍鱼

《通览》：小斗元肉（小斗方肉），鲍鱼改刀，红炖，收干。

---

① 火夹片：连刀片。

② 稀卤鲍鱼：抄本作"西卤鲍鱼"。

③ 稀卤鱼皮：抄本作"西卤鱼皮"。

《摘录》：鲍鱼改刀，加肉切小方块，冰糖收干，红上。

糖烧鲍鱼

《通览》：小斗方肉，鲍鱼改刀，冰糖收干。

《摘录》：鲍鱼改刀，肉改大方块，冰糖收干上。（原本名"冰汁鲍鱼"）

清烩鲍鱼

《通览》：生肉片底。（原本名"烩鲍鱼片"）

《摘录》：鲍鱼切片，火腿、笋尖，银红汤上。

茄子鲍鱼

《通览》：鱼肉、烧鸭双品到叩（双拼到扣）上，碗。（原本名"鲍鱼焖茄子"）

《摘录》：鱼肉、烧鸭子，双品（拼）到扣碗上。

乌鱼蛋[①]

《通览》：火肘（火腿）、鸡皮、蛋清，青挂（清挂）[②]。

《摘录》：用清汤，火腿、口茉（口蘑）丁，烩。

---

① 乌鱼蛋：用雌乌贼的卵腺加工制成。

② 清挂：勾清芡。

舒凫类

（鸭子做法三十九种）

词曰乔木查①

烹调制舒凫②，默默用心做，造新美，巧配合。休将凫衣损，防腊破③。去骚蒸④，又何如。久填好膘出⑤，漂嫩自如目，鼎铛净⑥，异款浮⑦。演就四季景，八节图。花宜片⑧，实宜炉⑨。

◎ 四季择录 ◎

三星套鸭

野鸭酿馅（馅），套家鸭，家鸭走油，酿肥鸭。

---

① 此词牌不应为"乔木查"。

② 舒凫：家鸭的别名。

③ 防腊破：原作"妨腊破"。

④ 去骚蒸：原作"去骚蒸"。骚，家鸭的尾脂腺，俗称"鸭翘翘"。

⑤ 久填好膘出：原作"久填好膘出"。

⑥ 鼎铛净：原作"鼎守（chéng）净"。鼎，古炊具名，青铜制，圆形三足两耳，亦有长方形的。此处当指锅。铛（chēng），烙饼和做菜的平底浅锅。

⑦ 异款浮：原作"毕款浮"。

⑧ 花宜片：做花式菜宜用鸭片。

⑨ 实宜炉：上全鸭最宜入炉烧烤。

神仙填鸭[1]

用瓷盆贮就，上下罨好，文火煨。

五福填鸭[2]

用酿，水鸽五支贮鸭内，餡（馅）分五种。

《摘录》：用鸭、生，去骨，加酿野斑鸠、黄雀、鸽蛋，蒸，原汤上。（原本名"五套鸭子"）

天花扣鸭

用火腿嵌。

葵花鸭子

火腿、青笋镶。

莲花鸭子

火腿、连子（莲子）贮。

棋花鸭子

火腿、香菰叩（扣）。

蝴蝶鸭子

计刀（剞刀），酿嵌（镶嵌）。

鸳鸯鸭子

用红、白鸽子[3]，酿。

糟油鸭子

用南糟蒸。

---

① 神仙填鸭：抄本作"神佁（xiān）填鸭"。

② 五福填鸭：原作"五蝠填鸭"。

③ 红、白鸽子：红鸽子红卤（烧）、白鸽子白煮（卤）。

《通览》：去油（走油），内用干菜①，网油，糖卤。
（原本名"糟油鸭"）

酱炙鸭子

用上酱②、香油炙。

《摘录》：肥鸭出水，糖汁摸面（抹面），走油，加好甜酱、葱、姜，挂卤，红汤上。（原本名"酱烧鸭子"）

葱黄鸭子

用葱芽烧。

《摘录》：鸭出水，走油，加大葱，生烧，红欠汤（红芡汤）上。（原本名"葱烧鸭子"）

锅烧鸭子

红烧，走油。

《通览》：红锅煮好，去油（走油），并（拼）地菜③，大头菜、山药听用。（原本名"锅烧鸭"）

《摘录》：用鸭红烧，晾干，果（裹）豆粉，走油，椒盐上。

子姜鸭子

用姜芽烧，收干。

《摘录》：鸭去骨，切大片，鸭一片、姜一片，扣蒸，原汤上。

---

① 干菜：冬菜、芽菜、盐菜之类。

② 上酱：品质优良的甜面酱。

③ 地菜：荠菜。四川俗称"地地菜"。

凤仙鸭子

鸡蛋吗（码），走油，片，上活卤[①]。

八宝鸭子

果餡酿。

《通览》：杏仁、桃仁、松子、莲子、白果、口毛（口蘑），鸡改斗方块，到叩（扣），清汤。（原本名"八宝鸭"）

红白双雁

对拼，红白。

清蒸鸭子

青蒸（清蒸），戋酒味[②]。

《摘录》：肥甜鸭（填鸭）出水，加配合，蒸，清汤上。

红烧鸭子

红烧，配合。

《摘录》：肥鸭出水，切大方块，加山药、肉片、大头菜，烧，银红汤上。

卤拌鸭子

油卤。

---

① 活卤：热的卤汁。

② 戋酒味：戋，疑作"蘸"。这里指蒸鸭时要酌加绍酒。

◎《通　览》◎

菊花鸭

火肘（火腿）改象眼块，鸭照样，叩（扣）[①]，清汤。

糖烧鸭

下红锅，合冰糖，收干。

孔雀鸭

火肘（火腿），瓦块[②]，红汤。

老鸦鸭

肉、萝[③]、海参各样，上红汤。

火腿炖鸭

火肘（火腿），代皮（带皮）鸭四块，清汤。

---

① 扣：用火腿、鸭块镶菊花形。

② 瓦块：原料成形语，用斜刀片法片成。此菜指将火腿、鸭肉片成瓦块形，再岔色拼摆成孔雀形（鸭头做"孔雀头"）。

③ 萝：疑有脱落。

◎《摘 录》◎

竹荪鸭子①

鸭去骨，加竹参（竹荪）片，白糖、肉，生烧，红对厢（红白对镶），红汤上。

黄焖鸭子

肥鸭砍方块，生，红烧，加冬笋切滚刀块，原汤上。

焖炉鸭子

甜鸭（填鸭）小开②，出水，晾干，面摸（抹）酒，香油、糖汁，肚心冬菜（肚内装冬菜），干烧③整上。

鲜笋鸭子

肥鸭砍一字条，加冬笋，生烧，原汤上。

榆肉鸭子④

鸭破块，俞肉（榆肉）切片，对厢（对镶），扣蒸，原汤上。

金钱鸭子

鸭切大片，加虾饼、火腿、笋尖，原汤，挂汁上。

---

① 竹荪鸭子：抄本作"竹参鸭子"。

② 小开：肋开。

③ 干烧：烤。

④ 榆肉鸭子：抄本作"俞肉鸭子"。

盐水鸭子

用鸭煮，切木瓜片，用盐水、香油、白豆油①，配合凉拌上。

笋干鸭子

生鸭去骨，酿炒笋、木耳，蒸，原汤上。

金银鸭子

生鸭一半红烧、一半白煮，对厢（对镶），配合清亮油（清亮汤）上。

白鲞②鸭子

鸭破八大块，鲞鱼去甲，碗扣蒸，原汤上。

南腿③鸭子

肥鸭砍大块，加南火腿、香油，红烧，扣碗，原汤上。

生烧填鸭

甜鸭（填鸭）出水，晾干，鸭面抹糖汁，反面抹香油，上叉子，生烧，肚内加老盐菜，切小金钱片上。

---

① 白豆油：浅色酱油。

② 白鲞：黄鱼鲞，大黄鱼的干制品。鲞，剖开晾干的鱼。

③ 南腿：火腿。浙江金华、云南宣威所产最好。

◎《通览》《摘录》并见 ◎

荷包鸭子

《通览》：莲子、苡仁、火肘丁（火腿丁）酿，面红汤。（原本名"荷包鸭"）

《摘录》：用鸭煮，去骨，莲子、松仁、火腿、笋尖、老肉丁酿，红汤上。

八仙鸭子

《通览》：火肘（火腿）、鸭四块①，到叩（扣），清汤。（原本名"八仙鸭"）

《摘录》：肥鸭、火腿各切大块，对厢（对镶），蒸，原汤上。

---

① 火肘、鸭四块：此菜火腿、鸭均应各切四块，以足八仙之数。

窗禽类

（鸡做法六十一种）

词曰踏莎行

德禽觑脯①，去牝炙牡②，除毛洗净或烹煮。随心所欲调鲜美，熘煐爆炸片丝卤③。春夏有三、秋冬多五，玲珑巧妙要按谱。筵礼花檐④洁为上，南蜀北燕一一数⑤。

◎ 四季总登 ◎

菊花嫩鸡

鸡脯计刀（剞刀），吗蛋粉（码蛋豆粉），鋄（煐），蒸。

《通览》：火肘象牙块（火腿切象牙块），到叩（扣）⑥。

（原本名"菊花鸡"）

---

① 德禽觑脯：此句说鉴别鸡的优良与否，主要是看其胸脯怎样。如鸡的胸脯肥厚、嫩而有弹力，那么就是好鸡。反之，则鸡的质量差。德禽，谓鸡也。鸡有五德（头戴冠者文也；足傅距者武也；敌在前敢斗者勇也；得食相告者仁也；守夜不失时者信也。见《韩诗外传》），故称德禽。觑，看。脯，指鸡胸脯。

② 去牝（pìn）炙牡：此句言做菜还是以公鸡为好。牝，母鸡。牡，公鸡。

③ 卤：此处当指肉酱之类。

④ 花檐：不详。

⑤ 南蜀北燕一一数：此句说京蜀南北的菜肴这里面都有，还是请你自己一一地辨别吧。南，指南方。蜀，指四川。北，指北方。燕，指北京。

⑥ 扣：前者用剞刀，后者用镶嵌。

松瓢酥鸡

用脆膪[1]（膴）、松红（松仁）。

玻璃子鸡

计刀（刳刀），鸽蛋清，拌，蒸。

罐儿[2]炙鸡

用去皮肉酿，网油果（裹），蒸，走油，片。

《摘录》：用网油包，裹蛋清豆粉，走油，上叉子[3]。
（原本名"烧贯儿桶鸡"）

锅烧子鸡

用酒料拌并走油。

《摘录》：鸡去骨，红烧，收干，果（裹）干豆粉，走油，手扯，上七寸盘，撒椒盐走。

南款料鸡

用大件走油，加料，香油收。

虾蟆[4]子鸡

去骨酿果馅（馅）。

《通览》：去骨，火肘（火腿）、莲子、笋子、糯米，清汤。（原本名"虾蟆鸡"）

---

① 脆膪：炸脆或烙脆的肥膘肉。膪，膘的异体字。

② 罐儿：小罐子，因鸡包裹后形似"罐子"，故名。

③ 上叉子：如走油则不必再上叉子。

④ 虾蟆：青蛙。此菜酿馅后做成青蛙形。

金钱子鸡

用鸡油（鸡肉）卷肥脆（膔）。

《摘录》：用鸡脯片、肥肉片、慈菇片、蛋清欠（芡），逗[1]成三片，做一佃（迭），车元（圆）走油，椒盐，上。（原本名"金钱鸡塔"）

签子搭鸡

生鸡片搭肥脆（膔），签扎，烧，炸。

燹炙松鸡

生酥[2]，走油，红烧，收。

蜜陀子鸡

用虾、肥（肥膘）卷，蒸，艮红汤（银红汤）。

虾张烩鸡

虾扇烩鸡皮。

水菱子鸡

菱角烧鸡花。

晚香[3]鸡丝

炒，本色[4]。

蜜饯子鸡

用蜂蜜、枣，造。

---

① 逗：应作"斗"，有拼合的意思。

② 生酥：疑为生鸡。

③ 晚香：晚香玉，花瓣可入馔。

④ 本色：不另加深色调料。

兰香鸡鉴

腝（肥腝）夹鸡片，加豆蔻。

琉璃子鸡

用粉杆（擀），鋑（焌），切。

翡翠子鸡

用见青菜汁，加虾，鋑（焌）。

桂花子鸡

虾仁、蛋黄，炒。

玲珑子鸡

用猪油料子打。

● 附录

◎《通览》◎

黄雀鸡

去骨，计刀（剞刀），蛋黄、银红汤、灰面。

红松鸡

去骨，斩刀，去油（走油），加肉，酿。

鳟鱼炖鸡[①]

酒炖，银红汤。

---

① 鳟（chún）鱼：疑应为鳣鱼。鳣鱼，即马鲛，属海水鱼类。这里所用应为鳣鱼的干制品。

果子鸡

果子加子鸡，红炖。

蜜腊鸡

生，底响油①下锅，冰糖、麻油，兼（煎），收好，上碗。

葫芦条炖鸡

葫芦条，银红汤，炖。

蜇头炖鸡

红、白随用。

芥末拌鸡②

粉皮③、黄瓜、耳子，代卤，拌。

蘑菰炖鸡

毛扣（蘑菇），清炖。

◎《摘 录》◎

百合子鸡

鸡切块，加白合（百合）对厢（对镶），扣蒸，清汤上。

板栗肥鸡

鸡块走油，板栗对厢（对镶），扣蒸，红汤上。

① 响油：疑指滚油中加水，鸡片下锅略煎加冰糖、麻油收成。

② 芥末拌鸡：原作"芥茉拌鸡"。

③ 粉皮：又称罗粉。

东坡肥鸡

鸡红烧，加冰糖、五香，砍块，走油[①]，二流欠（芡）上。

盐烩鸡片

生鸡去骨，切片，加折头（蜇头）、火腿、笋，二流欠（芡）上。

卤拌肥鸡

鸡走油，加桃仁、子菜（紫菜），蒸，红汤上。

鲜笋肥鸡

鸡砍块，走油，加鲜笋，烧，红汤上。

清风肥鸡

用鸡炖，原汤上；加火腿、笋尖配合，清汤上。

八宝鸡

八宝装肚内，蒸鸭一样，原汤上。

黄焖鸡

配合随加，原汤上。

粉片鸡

鸡煮好，去骨，切片，底黄瓜，片粉、香油，清汤上。

香菌鸡

鸡煮好，切小方块，加香菌对厢（对镶），扣蒸，清汤上。

---

① 走油：应先将鸡砍块、走油，然后红烧。

金银酥鸡[①]

鸡去骨，分两块，豆粉、蛋各分一半[②]，走油，改刀，蒸，清汤上。

炸八块鸡

生鸡去骨，切小方块，走油，配合熘上。

辣子鸡

生鸡砍块，走油，酱油加蒜片、鱼辣子[③]，配合熘上。

姜汁鸡

鸡煮好，切片，加姜、香油、豆油（酱油），拌上。

香糟鸡

生鸡走油，砍块，加香糟、冰糖、豆粉，原汤上。

喇嘛鸡

生鸡砍块，醪糟摸（抹），走油，加五香各料，蒸，手撕，原汤。

鲜鸡松

用鸡脯生蒸，白布包，槌，手扯（撕）开，草纸包，火炕出，加瓜仁上。

粉蒸鸡

生鸡去大骨，砍大块，加各料、米粉子和好，蒸，扣九

---

① 金银酥鸡：抄本作"金银禾鸡"。

② 豆粉、蛋各分一半：应是水豆粉和蛋豆粉各一半。即两块鸡分别裹上水豆粉、蛋豆粉，走油。

③ 鱼辣子：泡红辣椒。因加小鲫鱼一起泡，故名。

寸盘。

五香鸡

鸡煮好，加五香各料，蒸，手扯（撕），原汤上。

鲜鸡元

鸡脯、肥肉槌茸，打川（糁），做元，加火腿、豆尖，清汤上。

熘鸡片

鸡片，豆粉、蛋清马（蛋清、豆粉码），走油，加火腿、笋尖，挂欠（芡）上。

清烩鸡咘

鸡脯槌茸、去筋，蛋清、豆粉、冷汤对好，调白油①炒，上，火腿末。

鸡豆花

鸡脯肉槌茸、去筋，蛋清豆粉调匀，温热汤下，或豆浆也可，上碗，清汤。

椒麻盐鸡

鸡煮好，切片，用葱、椒（花椒）、盐槌茸，加香油拌上走。

汗鸡②

仔鸡出水，清蒸，加配合，白奶汤，古子（子）连盖子。

---

① 白油：化猪油。

② 汗鸡：今作"旱蒸鸡"。

百鸟朝凤鸡

鸡清蒸，走时加水饺子一传（围一转），外加配合上，清汤。

玻璃鸡片

鸡脯打片，豆粉果（裹），打川（水汆），加火腿、笋尖，清汤上。

荔枝鸡片

鸡脯打片（花），豆粉果（裹），打川（水汆），加火腿、笋尖、豆尖，清汤上。

白煮桶鸡

鸡出水、晾干，加花椒、姜、葱、料酒、盐、水，上笼蒸好，切大钱片①，扣碗上。

◎《通览》《摘录》并见 ◎

白松鸡

《通览》：去骨，斩刀，加蛋青（蛋清），上笼。

《摘录》：鸡脯槌茸，加蛋清，鸡皮铺七寸盘，蒸，切方块，扣碗，清汤上。（原本名"白禾鸡"，禾当作"酥"）

---

① 大钱片：指鸡片厚度如大钱般厚，不一定要切成金钱样。

珍珠鸡

《通览》：板油、生虾仁按，上蒸。

《摘录》：蒸，一传（转）放生板栗、虾仁，上笼蒸，清汤上。

豕羊类

（猪、羊做法九十三种）

词曰喜迁莺

烹燹荤①，调臙②羹③，从古到而今，法制千般分脼嫩④，时刻宜坚心⑤。或丝片⑥，或方丁，熬煮炖烧熏□⑦，琢意四季按时光，红浊白为清⑧。

扣挂一品

用整方，计刀（刴刀），仁烧（红烧）。

《摘录》：肉皮打花，切棋子块，红汤。（原本名"一品肉"）

水晶四皓⑨

用四大块去皮，水浸煮，肥嵌火腿。

---

① 烹燹荤：此句原作"烹燹晕"。荤，泛指肉食。

② 臙：通"燕"。本为饮酒之意，此引申为菜肴。

③ 羹：杂以菜蔬和肉食的羹汤。

④ 法制千般分脼（ér）嫩：原作"法炙千般分腰嫩"。法制，传统制法。脼，烂、熟煮之意。

⑤ 坚心：专心，四川方言。

⑥ 或丝片：原作"或系片"。

⑦ 熬煮炖烧熏□：原缺一字，疑为"蒸"。

⑧ 红浊白为清：指红烧类的菜汁味厚；白烧类的菜汁味淡。

⑨ 四皓：商山四皓，汉初的四位隐士，避秦隐商雒（luò）山中，四人皆须眉皓白，人称"四皓"。此处用以指四块方肉。

皱皮东坡

走油，红收。

《通览》：刀刁，大块。

《摘录》：肉烧皮，洗，红烧，加冰糖，红上。（此菜《通览》《摘录》本均名"东坡肉"）

火併三才

即火夹肉。

《通览》：火肘（火腿）酿，扣。

《摘录》：火腿对夹，红上。（此菜《通览》《摘录》本均名"火夹肉"）

五花万字

到叩（到扣）。

芙蓉结桂

酿百果花。

佛耳蜜陀[1]

此系二样双做[2]。

樱桃秀方

小方块，自来欠（芡）[3]。

《通览》：下油锅，合冰糖，炖。

---

① 佛耳蜜陀：原作"唝呀蜜陀"。

② 二样双做：指将"佛耳肉""蜜陀肉"二菜合一。

③ 自来芡：利用原料自身的胶质将汁收稠，不另勾芡。

《摘录》：肉切小方块，走油，红色，红上。（此菜《通览》《摘录》本均名"樱桃肉"）

红白二糁①

青、红二种。

太极龙眼

长片肉，嵌豆豉。

炙油马牙②

计刀（刳刀），走油，红收。

《摘录》：肉打花，切一字条，料酒，红上。（原本名"马牙肉"）

十锦狮头

内（肉）加火腿、口茟（口蘑）、香菰、虾米。

凤毛南煎

即大烧元（大烧元子）加石花。

炊煮拖泥

糊煮。

银豚桐叶

干爆。

琉璃滑丝

肉赵（炒）。

---

① 二糁：原文如此，不详。

② 抄本作"制油马牙"。

金线喇嘛[①]

红煮，面炸[②]。

签子金钱

双迭，签烧[③]或炸。

荷匿清香

用荷叶包。

《通览》：大块、酱油加酒、米粉，用粉包（裹），果（包）荷叶蒸。（原本名“荷叶蒸肉”）

胳膈子盖[④]

用椒盐[⑤]。

鲜烹荔枝[⑥]

干炸。

《摘录》：肉打花，象牙块，红上。（原本名“荔枝肉”）

---

① 金线喇嘛：抄本作“金线哪吗”。

② 面炸：面条油炸后与红肉对镶（或围边）。

③ 签烧：用签子扎肉烤。

④ 胳（gē）膈（gé）子盖：抄本作“胳膈紫介”。胳膈，本指动物的上肢和横膈膜，此指猪五花肉中的瘦肉层。子盖，又称脂盖。

⑤ 用椒盐：说明此菜用清炸或软炸法。

⑥ 荔枝：菜品成形如荔枝之谓。

夔[①] 抱玉柱

抽骨[②]，夹葱。

石榴枣核

用石榴、肉、枣、核元[③]。

玻璃银丝

拌蹄糸（丝）。

● 附录

◎《通 览》◎

熘肝肠

肉、肝子砍骨片（骨牌片），火肘（火腿）、鸡片。

孔雀肉

火肘（火腿）酿[④]，扣。

鲟鱼炖肉

白炖。

西洋肉

改长条，红炖，去油（走油），挂卤。

———————————————

① 夔（kuí）：龙。

② 抽骨：猪排骨砍节，煮至离骨时抽去骨。

③ 核元：不详。

④ 酿：疑作"镶"。

甜酒炖肉

五花肉，登子块（墩子块），酱油、姜。

荷包肉

五花三层二白，计刀（剖刀），白炖。

佛跳墙①

大肠、肉、萝肉②，红汤。

◎《摘 录》◎

红烧肉

用肉，方块，红烧上。

笋干肉

加云耳、明笋断（段），红烧上。

冬笋红肉

肉切骨排块（骨牌块），用冬笋厢（镶），扣碗，红上。

山药肉

加上山药，红烧上。

水晶肉

肉煮好，切片，加香油、菜、冬笋同烩上。

---

① 佛跳墙：又作"福跳墙"。

② 萝肉：不详。

佛耳肉 [1]

走油，打花，象牙块，红。

雪里肉

加桃仁，皮打花，红上。

明脯肉 [2]

加鱼（墨鱼）块，对厢（对镶），耳子底，红上。

千张肉

加千张，定用，红上。

冰糖肉

加冰糖、桃仁，红上。

八宝肉

肉刁万字，八宝底，红上。

四喜肉

肉切大块，改刀，红上。

酒醉肉

加醪糟，白糖，红上。

硝盐肉 [3]

用生肉，销盐（硝盐）摸（抹）肉、挠皮，刮，上叉子，面抹香油。

---

[1] 佛耳肉：原作"畐耳肉"。

[2] 明脯肉：抄本作"明腐肉"。

[3] 硝盐肉：原名"销盐肉"。

白鲞肉

鲞、肉对厢（对镶），红上。

盐菜肉

肉去皮，切片，盐菜底，蒸上。

梅干肉

梅干菜切末，同红烧肉，原汤上。

板栗肉

加板栗对厢（对镶），红上。

晾干肉①

肉切一字条，加大头菜、酱瓜丁、胭脂水②，收干上。

里脊肉③

猪么溜（腰柳），切象牙块，走油，椒盐上。

金面肉

一碗一大块，红汤上。

水塔肉

豆粉果（裹），走油，清④上。

冰糖肘子

加冰糖，红烧上。

---

① 晾干肉：原作"凉干肉"。

② 胭脂水：用食红加水兑成。

③ 里脊肉：原作"里即肉"。

④ 清：不加其他配料（或味碟）。

金银肘子

一半红烧走油，一半白煮，对厢（对镶），清汤上。

醋炖肉

加好醋，红烧，红上。

黄雀肉

三层蛋白，走油，生烧，红上。

菱角肉

加鸡冠油，菱角底，红上。

扣子肉

肉切泥，加桃仁、杏仁，果（裹）小卷子，走油，干上[①]。

姜汁肘子

加姜汁，清炖上。

椒盐肘子

肘子蒸好，晾干，面模（抹）豆粉，走油上。

清风肘子

煮好，用荷叶包，蒸，清汤上。

红烧肘子

红烧，走油，红汤上。

白菜卷肉

肉切泥，白菜果卷（裹卷），走油，红上；用清汤，不走油。

---

① 干上：此菜上时似应改刀，横切如纽扣样。

蒸雪花肉

用糯米酿，蒸，扣碗上。

哈耳巴[①]肉

大肪肉，出水，白炖，去上，切大薄片，扣碗，蒸，走。

烧金钱肉

肥肉煮好，火腿要金钱一样切片，对夹，用铁条穿起，烧[②]好，椒盐上。

一品烧猪

猪儿出水，晾干，红酱油抹面，上叉子，上面抹扫香油三四次，反面切小骨牌块，上七寸盘。

生烧大方

用花椒、盐生码，生烧二次[③]，刮皮，治净，上火、上叉子，面用香油，切一字条，上七寸盘。

烧喇嘛肉

方肉去皮，面抹蛋黄豆粉、灰面、欠（芡）调匀上，火烧，面上色，切均一字条，上七寸盘。

生烧南腿

用花椒、盐生码，用荷叶包果（裹），上叉子。

---

① 哈耳巴：紧连扇子骨上部的部分。

② 烧：这里为烤的意思。

③ 生烧二次：指烤皮。

◎《通览》《摘录》并见◎

高丽肉

《通览》：煮熟，长条，灰面、蛋黄，下红锅，走油。

《摘录》：肉去皮，打片，鸡蛋、灰面，走油，白糖上。

◎ 羊略计贮 ◎

口赞俗言

吃羊避羶，肥可新鲜。毛要烙净[1]，臊宜水汆[2]。春季在后，冬季当先。若晓款式，全贮下篇[3]。

◎ 杂 录 ◎

酥造羊肉

用香油、醪糟、冰糖收。

清炖羊肉

本色，炖。

红炙羊肉

红烧。

---

① 烙净：烙尽。

② 臊宜水汆：抄本作"臊宜水锓"。

③ 下篇：指下面的"全羊类"。

锅烧羊肉

走油，干上。

茶熏羊肉

热熏，凉片。

缸片羊肉[①]

随片，随炊。

南款羊肉

用香油炙烧。

京都烧羊

烧。

异味羊脯[②]

凉上。

爆燹羊片

随剉，随爆。

炒嫩羊丝

吗粉（码豆粉），炒。

鲜冻羊糕

用网油。

盐水羊肉

盐罨（腌），煮。

---

① 缸（gāng）片羊肉：原作"缸吋羊肉"。缸，灯。缸片，指的是肉片切薄后能透过灯光。

② 异味羊脯：抄本作"毕味羊脯"。异味，奇异的味道，今统称怪味。

水警[1]觇[2]羊

漂，煮。

宁子羊肉[3]

片，烧。

西番羊卷

用脆（膻）卷。

羊膻搭子[4]

用脆（膻）卷。

粉蒸羊排

拌，蒸。

糊煮羊肉

用草火烧，煮。

金丝羊膻

红煮，走油。

---

① 水警：疑应为"水紧"。原指鸡、鸭等家禽洗净后，入沸水中煮至紧皮，此似指将羊肉入沸水中煮去膻味。

② 觇：疑作"片"。

③ 宁子羊肉：疑应为"撑子羊肉"。羊肉片呈大张而薄的片，腌入味，用竹签或铁丝将其撑伸，然后烧烤至熟。

④ 羊膻搭子：抄本作"羊脆搭子"。膻，肉膻。

● 附录

◎ 摘　录 ◎

生烧羊腿

用花椒、盐生码，用荷叶包果（裹），上叉子。

薯蓣类
（山药做法四种）

诗赋七绝

岫峦凹下淡艳枝，流涧凸上靠峻壁。内嫩外枯性似芋，长茸短脆体如泥。

◎ 略记四则 ◎

熘山药糕

杆溶（擀茸），搭粉，切小方（小方块），熘。

煏山药元 [①]

用肥脓料了（肥臁料子）打。

烩山药羹

米丁 [②]，松仁烩。

烧山药块

用老肉、对虾烧。

---

① 煏山药元：抄作"鋑山药元"。

② 米丁：山药、松仁均切成大如米粒的小丁。

池鲜类
（鱼做法五十七种）

词曰霜天晓角 [①]

炙腥脍 [②] 熘，剃鳞 [③] 腮宜丢。京烹三翻两覆 [④]，自来芡 [⑤]，用油收。清淡调和葱 [⑥]，姜酒重拨酥 [⑦]。□糟四则二种 [⑧]，变化略，坚心磨 [⑨]。

烹熘活鱼

活鱼制（治）净，红，锅烹、烧。

清蒸鲜鱼

油（网油）盖面，大加（搭加）配合。

---

① 词曰霜天晓角：抄本脱一"霜"字。

② 脍：疑作"烩"。

③ 剃鳞：去鳞。

④ 京烹三翻两覆：似说烧鱼之法。京烹，疑作"精烹"。

⑤ 自来芡：抄本作"自来欠"。此指利用鱼自身的胶原蛋白和脂肪将汁收浓。故下有"用油收"语。

⑥ 清淡调和葱：原作"清调淡合葱"。

⑦ 姜酒重拨酥：言如要使鱼酥软易拨，必须要重用姜、酒。

⑧ □糟四则二种：原只五字，意不详。

⑨ 变化略，坚心磨：指烹鱼的功夫就在于细微的变化，必须要专心致志地琢磨、研究。坚心磨，原作"悭心磨"。坚心，专心。磨，琢磨。

粉蒸款鱼①

长片，吗味（码味），粉蒸，流欠（流芡）②。

醋炙鲜鱼

醋烧。

芙蓉鲫鱼

用蛋白蒸，计刀（剞刀），去腥。

《摘录》：加鸡蛋蒸。（原本名"芙蓉鱼"）

糖醋熘鱼

用香油、冰糖收。

冰纹桂鱼③

用蛋糕、桂片（桂鱼片），加火腿系（丝）。

龙门块鱼

庆蒸（清蒸），加虾扇。

全景④鱼生⑤

用生片，大曲酒泡，各种生（生片）预（预备）齐。

南款酥鱼

用香油、作料收。

---

① 款鱼：疑应为"草鱼"。

② 流芡：今之做法，粉蒸鱼不再挂芡。

③ 桂鱼：也叫鳜鱼、季鱼、季花鱼，四川俗称"刺婆鱼"。

④ 全景：有品类（此指鱼）多且齐之意。

⑤ 鱼生：生鱼片。

香糟炙鱼

用南糟泡鼋（腌），煎香，油收。

八宝冷鱼[①]

加八件果，仕炙（红炙）。

异味熏鱼

用丁香、豆蔻熏。

西洋松鱼

烦炕（焙炕）。

巧缠鱼卷

计刀（剖刀），连皮，肉果肉馠（肉裹肉馅），清錂（清煤）。

红白鱼丝

用酱、明□（此字不清）。

花嫩鱼脯

用火腿丁、生虾仁、口毛（口蘑）、香菰。

鲜炙鳗鱼[②]

火烧，加独算（独蒜[③]）。

炙东坡鱼

用鸡蛋、面，炸，红烧。

---

① 冷鱼：疑为"冻鱼"之误。

② 鳗鱼：又称青鳝、白鳝。

③ 独蒜：俗称"独头蒜"，不分瓣的蒜头。

鱼面鱼元

此二种都巧，各调。

烧炙墨鱼[①]

用瓜，尖烧（煎烧）。

烩墨鱼片

用杂件烩。

◎ 水 族 ◎

酱炙鲉鱼[②]

生焖，酱炙。

清蒸鳜鱼

清蒸，去骨。

鲜酿鳝鱼

抽骨，全酿。

清蒸肥坨

宜酒大。

辣子鱼丝

炒。

---

① 烧炙墨鱼：抄本作"烧炙鳢鱼"。墨鱼，墨头鱼，又称"东坡鱼"。

② 鲉鱼：拙鱼。《益州记》："嘉鱼生丙穴、蜀人谓之拙鱼，鱼从石孔随泉出，大
五六尺。"（转引自《佩文韵府》）嘉鱼，又称丙穴鱼，学名卷口鱼。

江团象鱼

清蒸。

鳊鱼麦鱼①

红烧。

笋烹坐鱼

熘，加鲜笋块。

烩鳅鱼羹

择烩（拆烩）。

大焖鲢鱼②

用然汤（燃汤③），自来欠（芡）。

再有各款异样摘锦类见。

● 附录

◎《通 览》◎

糟鱼片

糟卤，卤好的下清汆④好。

---

① 麦鱼：栉鰕虎。属小型鱼类。

② 大焖鲢鱼：原作"大焖连鱼"。鲢鱼，四川俗称鲇（鲶）鱼为鲢鱼。

③ 燃汤：脂肪和胶质较重的汤。烧焖菜时，汤中脂肪与原料中的胶质融合一起，浓稠黏口。

④ 清汆：不详。

红果鱼元

肉酿，果欠（裹芡），外果（裹）火肘①（火腿），蒸好。

荷花鱼元

鱼元，用银耳。

鱼羊会

鱼砍斗方块，羊肉同，下锅。

萝卜炖鱼

不见萝卜②，上白糖。

◎《摘 录》◎

五柳鱼

加肉丝。

春清燦鱼 ③

鱼片打川（糁）上。

清蒸鱼

鱼出水，清蒸，加配合，清汤上。用毛姜醋④，每人一碟。

① 火肘：应用火腿瘦肉部分，裹时要剁细。

② 萝卜：萝卜炖后捞起，不入碗。

③ 春清燦鱼：原文如此。燦，不详，下"燦糟鱼"同。

④ 毛姜醋：用姜丝、盐、醋调的味碟。

�糟鱼

银红汤上。

糖醋鱼

加配合、蒜片，煎上。

黄焖鱼

鱼走油，加配合、蒜片，红汁汤上。

豆豉鱼

小鱼走油，豆豉、香油收，上。

酥鲫鱼

鱼焠（鱼炸脆），香油、椒盐上。

脆皮鱼

鱼摸（抹）豆粉，走油，挂欠（芡），上配合。

生爆鱼

鱼切片，蒜片、辣子配合，同炒上。

瓦块鱼

鱼砍大块，走油，加葱、姜、支子（滋汁）上。

锅贴鱼

用鱼片、肉片，加鸡蛋豆粉、灰面，走油，椒盐上。

红烧鲫鱼

鱼砍块，红烧，加肉块、大蒜，红汤上。

清炖鲫鱼

用鸡块，清炖，原汤上。

红鱼元

鱼打川（糁），加火腿、笋片、鸡片，清、红汤上均可。

软木鱼

用香油、葱、姜，生烧，原汁上。

生烧大鱼

用大鱼，网油包，果蛋清欠（裹蛋清芡），生烧，上叉子，用铁丝夹好，肚藏上（腹腔内酿）姜、葱、老盐菜。

红烧鲢鱼

鱼砍块，红烧，加肉块、大蒜，红汤上。

◎《通览》《摘录》并见 ◎

黄雀鱼

《通览》：长条，灰面、鸡蛋，走油上。

《摘录》：鱼出水，整灰面（整裹灰面）、鸡蛋、豆粉，走油，椒盐上。

酿鲫鱼

《通览》：用鲫鱼，去骨，酿肉。

《摘录》：肥肉切泥，酿在鱼肚内，面上抹鸡蛋，走油，红汤上。

蟹螯类

（螃蟹做法十七种）

词曰如梦令

美味尝遍谁好，蟹螯顶高绝倒。团脐[①]肥膭[②]多，尖脐[③]味淡肉少。烹炒，烹炒，鲜嫩久蒸别老。

◎ 四季零摘 ◎

玲珑螃蟹

虾料、鸽蛋，酿。

荔枝螃蟹

火腿、松仁嵌。

鸽蛋爆蟹

干炒。

清蒸螃蟹

（无内容）

豆腐烩蟹

加紫菜。

---

① 团脐：雌蟹。

② 膭：蟹黄。

③ 尖脐：雄蟹。

桂花螃蟹

用鸡蛋、火腿、盐蛋，炒。

蟹烧白菜

油□（原字不清）菜，炒。

螃蟹元子

外果（外裹）。

琉璃螃蟹

鱼面，烩。

南糟膈肉

用蟹黄拌。

虾油拌蟹

油菜花拌。

菠菜蟹黄

用菠菜、香油拌。

蟹烩菜羹

满烩。

鱼茸蟹糕[①]

铰（搅）[②]，蒸，忌刀。

鸡蛋摊蟹

用蛋摊。

---

① 鱼茸蟹糕：抄本作"鱼溶蟹糕"。

② 铰（jiǎo）：同"搅"。用竹筷或木片直接将鱼肉、蟹肉搅成茸，不用刀。

醉酨[1] 螃蟹

用酒醉。

略贮数则，此系大概，随意可烹，掉样安派。

---

① 酨：疑作"蘸"。

燹虾类

（虾做法三十种）

词曰忆秦娥

鲜羹拟，香腥何独虾儿美[①]，虾儿美，有厚味□[②]，大加酒矣。生爆炖烩同一理，四时烹调不离体，不离体。变和众颜，为之仰你。

◎ 按季烹调 ◎

干烹虾仁

用宜码味，干爆[③]。

生爆虾仁

挂支（汁）。

《摘录》：加金钩、配合，切丁，挂欠（芡）上。

虾抱玉柱

微加蒜菜断（微加蒜苗段）。

烹熘虾仁

忌刀，烹炒。

---

① 鲜羹拟，香腥何独虾儿美：此句似言，我常想鲜美的菜羹，为什么要数用虾烹的为最好？拟，揣度；估量。

② □：原字不清。

③ 干爆：不用芡汁直接爆炒成菜。

蚕豆爆虾

用胡豆办（瓣）①炒。

《摘录》：一、胡豆末、配合切丁，挂支子（滋汁），上（原本名"蚕豆虾仁"）。二、加豌豆或青豆②末，老肉丁配合，挂支子（滋汁）上。（原本作"粉碎虾仁"，粉碎为"翡翠"之误）

玉玦虾块

即虾糕内加见青③。

蟠桃虾糕

挤盘内，助桃糕（做桃样），略蒸。

祥云虾元

用各色花合（配合）。

脍炙虾脯

同鱼脯，熘。

水晶虾粘

粉捻，汤铰（籴）。

凤毛虾扇

连尾、粉排、汤铰（籴）。

---

① 胡豆瓣：鲜胡豆瓣。

② 青豆：鲜黄豆。

③ 加见青：加绿叶菜汁或菜末。

南荠①虾饼

内加慈菇。

《摘录》：加慈菇、火肉（火腿）配合，切片，清汤上。（原本名"兰池虾饼"，兰池为"南荠"之误。）

闽炙虾签

肥脆（膔）肉夹虾泥，面果（裹）蛋，走油，椒盐。

异样虾枣

用生片火腿，内酿虾泥，铰（余）。

荷花虾片

堆容（推茸），粉杆（擀）。

琉璃虾丝

粉杆（擀），切糸（丝），烩，忌刀。

累片虾卷

虾片内果（裹）鱼，铰（余）。

十锦虾羹

汤会（烩）。

枇杷虾果

连尾生剥，果②（裹），走油。

酥炙松虾

即酥虾。

---

① 南荠：荸荠。

② 果：应裹蛋豆粉。

◎《摘 录》◎

如意虾仁

肥肉切泥，蛋清、豆粉、虾仁，网油皮果如乙形（裹如意形），蒸，切如乙样块（如意样块），清上。

高丽虾仁

蛋清、豆粉果（裹），走油，配合白糖上。

玛瑙虾仁

加火腿肉、茨菇（慈菇）、豆尖配合，胭脂点水，挂支子（滋汁）上。

醉虾

用大马虾，要活的。上席之时，将头、脚、须子去了，用酒醉，姜、葱、好花椒面、香油、白酱油拌上。

白玉虾饼

加火腿肉、笋、香菇，小片（切小片），挂支子（滋汁）上。

龙须虾糕

加肥肉切泥，槌，加豆粉、蛋清打川（糁），布包，蒸，清汤上。

凉拌虾仁

虾煮，去壳，加火腿丁、香油，配合各料拌上。

椒盐虾饼

加肥肉打川（糁），做饼，面抹蛋清、豆粉，走油，椒盐上。

红烧虾饼

加火腿、配合，切小方块，红汤上。

金钱虾饼

加火肉（火腿）、冬笋，切片，配合清汤上。

飞禽类

（野鸡、野鸭做法三十六种）

词曰吟羽翎

雉鸡名陈宝①，鹁鸽号飞奴②。鹰将火鸠化③，卵把水凫④山。鵕鸃⑤长南岸，黄雀生闽途。鹑是田鼠变⑥，雕怀崖莺腹⑦。

清焌疏趾⑧

肥脬（膔）卷，计刀（剖刀），淹韭菜（腌韭菜），清铰（焌）。

---

① 陈宝：古代传说中的神。《列异传》曰：穆公时，陈仓人掘地得物，若羊非羊，若猪非猪，牵以献穆公。道逢二童子，童子曰：此名为媪，常在地下食死人脑，若欲杀之，以柏插其首。媪复曰：彼二童，名为陈宝，得雄者王，得雌者霸。陈仓人舍媪逐二童子，童子化为雉，飞入平林。陈仓人告穆公，穆公发徒大猎，果得雌，又化为石，置之汧渭之间。至文公，为立祠，名陈宝（转引自《艺文类聚》）。后陈宝即成为雉的异名。

② 飞奴：鸽的别名。《开元天宝贵遗事》"传书鸽"："张九龄少年时，家养群鸽，每与亲知书信往来，只以书系鸽足上，依所致教之处，飞往投之。九龄目之为飞奴。"

③ 鹰将火鸠化：应作"鹰将火鸠化"。《礼记·月令》："（仲春之月）始雨水，桃始华，仓庚鸣，鹰化为鸠。"仓庚，莺。

④ 水凫：野鸭的异名。

⑤ 鵕鸃（duō）：疑为"鵕（jùn）鸃"。鵕，鵕鸃（yí），俗称锦鸡。鸃，即实厥鸟，又称沙鸡。

⑥ 鹑（chún）是田鼠变：《礼记·月令》："（季春之月）桐始华，田鼠化为鴽。"鴽（rú），古书上指鹌鹑类的小鸟。

⑦ 雕怀崖莺腹：出处不详。

⑧ 清焌疏趾：抄本作"清铰疏趾"。疏趾，古代祭祀用的肥雄。

金钱野鸡

用脿（膗）搭，内宜溶（茸），山鸡，走油①。

签子华虫②

用脿（膗）一层，鸡一层，上子（上签子）烧。

炸山鸡卷

用油果（网油裹），椒盐。

烧炙雉脯

加扮仁③。

扮野鸡片④

加酸菜⑤末。

炒山鸡爪

即鸡爪子。

溜雉鸡子

小丁，加鸡油、吗粉（码粉），溜。

闽炙鸡签

肥脿（膗）搭，外果（裹）蛋，炸。

---

① 此句似应作"用膘搭山鸡，内宜茸，走油"。

② 华虫：雉的异名。《书•益稷》："日月、星辰、山、龙，华虫作会。""华，象草华；虫雉也。"

③ 扮（fén）仁：白榆仁。扮，白榆。

④ 扮野鸡片：抄本作"鋄野鸡片"。

⑤ 酸菜：泡青菜，味酸。

罐儿野鸡

内酿肉馅（馅），外果（裹）网油，蒸、炸或烧，片。

炙山菌①脯

即烧竹鸡。

京款鸽酥

用肚（脯），加鸡酪（鸡哑）。

鲜溜鹑鸽

熘鸽片块。

嫩飞奴片

吗粉（码粉），鋑（焌）。

烧斑鸠脯

用油浸。

卤煮鹌鹑

红煮，片。

爆烹鸁②鸹

连骨，烹支（汁）。

炙野鸡脯

红烧。

烹炙水凫

用生，走油，配造（酥造）。

---

① 山菌：山菌子，竹鸡的异名。

② 鸁（luǒ）：古书上说的一种水鸟，腹部和翅膀紫白色，背上绿色。此处或为"鸹"之误写。

鸳鸯双套

用野鸭双套。

南糟黄雀

南制。

异炙鹪鹩

用南制法。如炸母①形，似鹌鹑。

野鸡搭子

用油搭②。

松瓢雉卷

加桃（桃仁）卷。

● 附录

◎《通 览》◎

丁香野鸡

红卤，收干。

◎《摘 录》◎

红烧野鸭

用火腿，清汤，烩。

---

① 炸母：疑为"蚱蜢"之误。

② 用油搭：似应用肥膘搭。

走兽类

（鹿、驴等做法十七种）

诗曰五绝吟

兽依老山地，虫集古洞谿。众吼枝摆动，群游草萋萋。

杂录随心所做，数款见景生方。

烩炙鹿冲 ①

大烧，香油收。

红烧鹿筋

红烧。

计呢鹿尾

网油果（裹），蒸，炸，片。

《通览》：温热水泡发，去毛新□（此字不清）果

（裹），上笼，□（原字不清，疑作"炸"字），片。（原

本名"鹿尾"）

炒鹿尾酱

堆溶（推茸），加面松②，红烧。

南款鹿脯

酥造（苏造）。

---

① 烩炙鹿冲：抄本作"烩炙鹿蒿"。鹿冲，又称鹿肾、鹿鞭，为雄性鹿的外生殖器。

② 面松：不详。

细茸鹿鲜

腌，槌，撕，拌。

清蒸果驴

果（裹），蒸。

宁子鹿张①

大张，宁烧。

鼎炙獐片

随意烹烧。

漂嫩猪臕②

清蒸。

烹溜豹舐③

此物即驴肾。

鲜溜㸑片

生爆。

熏腊兔块

用茶熏。

清蒸雪猪④

青蒸（清蒸）。

---

① 宁（chéng）子鹿张：应作"撑子鹿张"。宁，将大张鹿肉撑开，烧烤。

② 漂嫩猪臕：抄本作"漂嫩猪臕"。猪，应为野猪。

③ 舐（shì）：舔。

④ 雪猪：喜马拉雅旱獭，鲜肉质嫩而细致，肥厚多脂；风干者多为干燥的整块，以块大肥厚者为佳。主产四川、青海等地。

◎ 外 计 ◎

虎、狼、豺、豹、麋、麂、麑、猁、獐，各种繁冗，见景生情可也。

● 附录

◎《通 览》◎

炖鹿筋

火肘（火腿）、鸡，捶碎，炖。

◎《摘 录》◎

鹿肉

用米汁水①净泡血，用酒、风酱、加料，炖。

烤②鹿筋

用火腿、冬笋、清汤，烩。

---

① 米汁水：淘米水。

② 烤：似应作"烩"。

下 册

山茸类
（菌、耳等做法三十六种）

词曰近体赋五律

万物遍山有，灵苗峻岑搜。梗派透十里[①]，蒂实媚一秋。朵朵似玉美，粒粒如珠球。香羹传天下，艳味供王侯。

◎ 肉菰贮 ◎

鲜溜口蘑

烹支（汁）。

虾酿口蘑

虾泥酿。

《摘录》：虾川（糁）过泥，蛋清、豆粉酿在口茉（口蘑）内，火腿盖面，清汤上。（原本名"清酿口茉"）

南荠榆肉

加慈菇片。

发丝榆肉

加香干糸（丝）。

荷花银耳

配合。

---

① 此句原作即为"梗派透十里"。梗，植物的枝和茎。派，藤，此似指"根"。

清烩银耳

清烩。

红烧黄耳[1]

老汤[2]烧。

鲜烩黄耳[3]

银红汤。

烹熘肉菌[4]

烧，银红汤。

鲜炙冬菰

虾酿。

金钱冬菰

虾酿，烩。

卤煮香蕈

凉上。

凉拌竹松[5]

椒油酨（蘸）。

① 红烧黄耳：抄本作"红烧耳黄"。

② 老汤：卤汤，四川称卤水。

③ 鲜烩黄耳：抄本作"鲜烩耳黄"。

④ 肉菌：肉蕈，即蘑菇。

⑤ 竹松：竹荪。

清烹处菇①

用火腿、清笋（青笋），烩。

脍炙处菇

用鸡烧，清烩。

清煐绿菜②

用虾扇会（烩）。

灯笼仙米

用蛋皮果（裹），忌刀，内酿虾泥，嵌火腿。

虾酿仙米

虾酿。

清烩仙米

清烩。

《通览》：小丁火肘（火腿），配银红汤，色茜（茨）。

《摘录》：用各色烩，配合松仁、花生作羹。（此菜《通览》《摘录》本均名"葛仙米"）

玫瑰仙米

糖烩，加桂花。

烧羊肚菌

红烧。

---

① 处菇：疑应为处州株菌。处州，在今浙江丽水东南。

② 清煐绿菜：抄本作"清銨绿菜"。绿菜，即石莼，又称纸菜、海白菜，幼嫩者可入馔。

烩羊肚菌

鲜烩。

炙炖鸡松 [①]

红烧。

各炙云糯

随调。

此类冗杂，大概略书数则。

● 附录

◎《摘 录》◎

十锦仙米

配合切丁，烩上。

酿竹荪 [②]

鸡脯肉打川（糁），酿，配合清汤上。

清烩竹荪

配合，清烩上。

鸭腰口蘑

配合，清烩上。

---

① 炙炖鸡松：抄本作"各炙云需"。

② 酿竹荪：抄本作"酿竹参"。

银耳口蘑

加银耳、火腿、鸡片配合，清汤上。

白肺口蘑

加心肺烧^①好，火腿肉切小方块，配合清汤上。

素烩口蘑

加水豆腐、白菜心、香油，原汤上。

清烩口蘑

加火腿、鸡片、笋尖配合，清烩上。

椒盐口蘑

口茉（口蘑）出水，晾干，加蛋清、豆粉^②，走油，椒盐上。

脑髓口蘑

脑髓出水，火腿、鸡、笋片，清汤上。

荔枝口蘑

口茉（磨）打火（打花），切块，走油，加火腿、鸡、笋片，清汤上。

鸡茸口蘑

鸡脯槌茸，加蛋清豆粉果（裹），走油，清烩上。

① 烧：似以炖为宜。

② 加蛋清、豆粉：应裹蛋清、豆粉。

海蕊类
（洋菜等做法十六种）

诗曰减字木兰花

东洋海角，身轻体性弱飘飘。紫衣荡荡[1]，□□游戏清波上[2]。石耳石花，青[3]丝发[4]丝味也佳。种种柳叶[5]，湖莼凤尾可胜他[6]。

十锦洋菜[7]

攒糸（丝）。

芥末洋菜

用青笋拌。

芙蓉洋菜

用芙蓉蛋烩。

冰糖洋菜

用冰糖会（烩）。

---

[1] 荡荡：广大貌。

[2] □□游戏清波上：抄本此句缺两字。

[3] 青：这里指色。

[4] 发：这里指细。

[5] 柳叶：柳叶菜。

[6] 湖莼凤尾可胜他：此句抄本作"湖蒿凤尾可胜他"。湖莼，西湖莼菜。凤尾，凤尾菜，即石花菜。

[7] 洋菜：又称冻粉、琼脂、琼胶，是用石花菜、龙须菜加工而成。

鲜炙青岱 ①

红烧。

清炖青岱

清炖。

酥炙紫菜

油炸。

虾拌紫菜

松虾②拌。

鲜溜石耳

用米汤发，清汤，烩。

拌凤尾菜

用香油、姜、瓜，拌。

酱炒石花

用算（蒜）炒。

凉拌石花

用波折（蜇皮）拌。

烩发菜卷

缠，烩。

香干发菜

青拌（清拌）。

---

① 青岱：疑即海带。下同。

② 松虾：酥虾。

爆西湖莼①

烹炙，挂支（汁）。

酰②柳叶菜

拌。

此类各多，淡计数调。

---

① 爆西湖莼：抄本作"爆西湖蒿"。

② 酰：疑应为"蘸"。

竹胎类

（笋做法十三种）

九字联云

茂林闻风动，壳落成竹；残荷听雨声，花谢见子。随心之款，畅意之调。

鲜炒春笋

鲜炒。

烫酨春笋

此类遇制繁难。

鲜酿春笋

虾酿。

虾油春笋

用虾油，浸蒸（清蒸）。

大烧名笋[①]

红烧，大块。

凉紧冬笋

烧[②]、罨（腌）、刀扯（切），香油。

炒冬笋泥

用刀刮，堆容（推茸）。

---

① 名笋：今作"岷笋"，因产于四川雅安、岷山一带，故名。

② 烧：似指将冬笋连壳在灰火中烧熟。

南槽冬笋

酒醉。

腌菜溜笋

随炒。

拌腌盐笋

见前。

溜青笋尖

用糖。

烹三笋丝

鲜、明、青三笋。

野蒿类
（蒌蒿、枸杞等名称二十一种）

诗曰五言：咏青蒿

青枝含苞笑，艳苗瓣蕊浓。

山之秀异草，处处毓奇松。

水潦去涩味，油拨护馨馥。

嫩尖摘卉蒂，花杆刮茎皮。

所有此类，制法不录。

青蒿贮

吉祥①　　芦蒿②　　珠窀③　　木须④　　竹花⑤　　葛苔⑥

---

① 吉祥：吉祥菜，即干蕨菜。

② 芦蒿：疑应为"蒌蒿"。蒌蒿，多年生草本，叶似艾，如生水边及泽中，根、芽、
茎、叶均可食。

③ 珠窀：形似珠而中空。此处似指形似珠而中空一类的可食之物。窀，同"窍"。

④ 木须：苜蓿，叶嫩时可食。

⑤ 竹花：疑应为"竹米"。竹类所结之实，形似麦，粉可食；或为寄生竹上的一
种植物。

⑥ 葛苔：疑应为"葛根"。捣碎取汁制成葛粉，可制食物。

茨尖① 荙菜② 桑尖③ 野苣④ 苕尖⑤ 鹿韭⑥

蒲菜⑦ 洋藿⑧ 土𥯤⑨ 枸杞⑩ 龇苋⑪ 三菌⑫

蒂季⑬ 苦嘛⑭ 水芹

---

① 茨尖：不详。

② 荙菜：应作"灰藋"，即灰藋（diào）。四川俗称"灰灰菜"。

③ 桑尖：嫩桑枝。

④ 野苣：苦苣，又称苦菜。

⑤ 苕尖：苕菜芽。苕菜即巢菜。

⑥ 鹿韭："牡丹"的异名。此处似牡丹的根皮。

⑦ 蒲菜：香蒲的嫩芽。

⑧ 洋藿：疑应为"阳藿"。阳藿又称蘘荷，花穗嫩叶可食。

⑨ 土𥯤：疑应为"地耳"。𥯤，应作"糯"。

⑩ 枸杞：枸杞头，枸杞的嫩芽。四川俗称"枸地芽"。

⑪ 龇苋：马齿苋。苗煮熟，晒干均可为蔬。

⑫ 三菌：三大菌，即鸡㙡菌之鲜者。成都又称"三塌菇""鸡丝菌"。

⑬ 蒂季：蒂季似指瓜、茄类的嫩蒂。蒂指花、瓜与枝茎相连的部分；季有幼、嫩之意。

⑭ 苦嘛：苦麻台，嫩叶可食，亦可捣汁和面做饼。

花卉类

（兰、荷等名称十三种）

词曰蝶恋花

一阳①乍转卉群生，渐渐知音，百媚咘纷纷。融和欣逢柳梢青，千娇朵朵斗芳春。萌芽含笑色色新，香扑氤氲②，集贤喜迎宾。俸谒③帝君献世尊，绣户雅轩兰麝④分。

◎ 随机换样 ◎

藻芙苞

即嫩荷叶。

鱼蓝片

菊叶。

玉兰花

即兰花。

夔瓜片

夜来香。

---

① 一阳：一阳生。冬至阳气初动，曰一阳生，其说始见于《周易》。

② 氤（yīn）氲（yūn）：本指烟云弥漫，比喻花香四溢。

③ 俸谒：俸，同"奉"，进以献上。谒，进见。

④ 兰麝：薰香之物。

玫瑰花

藁荷花

幽兰片

茉莉果

晚香玉

木槿片

鲜花斜①

含香片

香景花

用本物。

用荷花。

茶梅。

本物。

本物。

宜鋑。

随配。

炸。

春花。

---

① 斜：不详。

艳果类

(橘、枣、莲等做法十五种)

词曰点绛唇

红青白绿，花谢成实现果物。若保全美，日防鸟啄蕊①。
甘美脆甜，群结枝梢□②。在桃园，一年一度，味似瑶池露。

◎ 烹调依样 ◎

桂瓤桔红

桔觚③，樊錽（礬汆），糖，烩。

素南荠饼

粉拌，煎。

玫蕊葡萄

去皮，玫汁（玫瑰汁），烩。

煎熘崖蜜

煎樱桃。

炸蕡实片

用桃片。

---

① 日防鸟啄蕊：此句抄本作"日妨鸟啄蕊"。

② 群结枝梢□：此句抄本缺一字。疑为"头"字。梢，原作"稍"。

③ 桔觚：不详。或为"橘瓣"之误。

炙枣仁卷

用蛋□（原字不清）果（裹）枣泥。

烩莲实羹

即连羹（莲羹）。

烩薄荷桃

用核桃①。

烹熘羌桃

用卜荷（薄荷）蒸，上糖水。

烩红果羹

即山查（山楂）泥。

炸白蒻盒

炸□②合（盒）。

鲜熘苹果

用炳羊果③。

巧酿水菱

酿，馂④。

酿文林果

用花红。

---

① 用核桃：应放在下"烹熘羌桃"中；将"烹熘羌桃"下的"用卜荷蒸，上糖水。"
移至此处。

② □：原字不清，似"藕"字。

③ 炳羊果：不详。

④ 馂：疑为佘。

玉液全酿

用雪莉（雪梨）。

玉弹类

（鸡蛋做法十种）

淡淡之言

此类并无异样，可以见景生方，是看何省所□[①]，一巧不费周章[②]。

烹熘黄菜

用蛋，黄多清[③]，加汤，炒。

摊煎黄菜

照前，不用汤煎。

熘蛋荷包

肉夹，熘。

煎荷包蛋

煎，烹。

炒木须蛋

用肉炒。

炒桂花蛋

用虾炒。

---

① 是看何省所□：抄本缺一字，疑为"有"字。

② 周章：周折。

③ 疑为黄多清少。

花巧蛋卷

用肉果（裹）。

炒炸蛋松

油烹。

南款烘蛋

对汤烘。

杂拌蛋皮

用各拌（各样拌）。

雉卵类

（鸽蛋做法十八种）

略贮数则

此道不多，全要琢磨。洁巧为上，实宜味合。

玲珑鸽蛋

用镌（焌），酿鸽蛋糸（丝）。

焌鸽蛋饺

青（清），红随配。

玻璃鸽蛋

用净清片（净蛋清片）。

刘海鸽蛋

用条羹（调羹）蒸。

《摘录》：鸽蛋打在调羹内，做成凤尾样，切丝配合，安好，蒸，清汤上。（原本名"凤尾鸽蛋"）

兰香鸽蛋

用片炸，椒盐、豆蔻。

全酿鸽蛋

用去黄法[①]。

[①] 去黄法：蛋连壳入水煮至蛋清凝而蛋黄未凝时捞起，戳一小洞，倒出蛋黄液，然后酿入要酿的原料，封口，再煮。

茶熏鸽蛋

用茶熏。

金银鸽蛋

用□（原字不清），白。

醋熘鸽蛋

烹支（汁）。

荷包鸽蛋

老炩①。

蟹炒鸽蛋

干炒。

笋烧鸽蛋

红烧。

● 附录

◎《摘 录》◎

清汤鸽蛋

外加配合，底水肉片②，清汤上。

虎皮鸽蛋

果（裹）豆粉，走油，加豆离皮配合，熘上。

---

① 老炩（lìng）：似指火色要老。炩，火也。

② 水肉片：疑为"水滑肉片"。

金钱鸽蛋

鸽蛋打在杯内蒸，裹豆粉，走油，配合挂卤上。

红烧鸽蛋

鸽蛋出水，加五花肉，红烧。生熘，走油也好；支子（滋汁）上也可。

攒丝鸽蛋

外配合，加老肉丝，清汤上。

五香攒蛋

鸽蛋出水，走油，加五香、香油、肉丁、火腿丁，支子（滋汁）凉拌上。

全羊类

（名称五十八种，做法六十四种）

词曰谒金门

全羊好，或爬或腼或老^①。汤浸油煎用火燎，件头预备□^②。花肠宜灌灵巧，血肠不比灵聊草^③。见景生情内外找，样样不可少。

杂录

云顶盖	顺风耳	千里眼	闻香草	鼻脊管
口叉唇	上天梯	巧舌根	双黄喉	胳膈肉^④
白云花	玲珑心	白页肺	蜂窝肚	核桃囫^⑤
伞把头	菊花肠	水珠子	枣泥肝	燹肚梁^⑥
蹄瞵筋	鸳鸯腰	胆邦条	千层肚	呼狼蚤
银丝肚	夹沙肝	拌净瓶	安吉脯	羊双膝
琉璃丝	天花板	蛾眉元	西洋卷	羊子盖^⑦
糟羊肝	熘肺丁	血糊涂	双皮麟	金钱尾^⑧

---

① 或爬或腼或老：抄本作"或爬或腰或老"。爬（pā），四川方言。

② 件头预备□：抄本缺一字。疑为"好"字。

③ 血肠不比灵聊草：依调此句有六字。

④ 胳膈肉：抄本作"酩膈肉"。

⑤ 囫（hú）：整个的。

⑥ 燹肚梁：抄本作"燹肚良"。

⑦ 羊子盖：抄本作"羊紫介"。

⑧ 金钱尾：抄本作"金线尾"。

里脊丝	炒荔枝	炸肝卷	青香菜	锅鈇①肉
腰窝油	千子签	风云肺	白云条	十景菜
血腐	血酪	血丝	血肠	白肠
双肠	花肠	摘锦汤	外有大件八款	

● 附录

◎《摘 录》◎

全羊烧烤

龙眼

用眼睛、白穿皮、山药饼、杏仁，炒，或糖或咸。

顺风

用盐菜、笋，炒。（原注"耳叶"）

耳尖

用火腿、香菌丝，炒。

天花板

用青笋粒子，炒。

耳川

用口蘑、笋，烩。（原注"耳心"）

---

① 鈇：不详。

天平

用梨片、火腿拌角，中间拱上肉。

鼻统

用青笋、苔菜^①，炒。

咀唇

用葱丝、香蕈丝，炒。

口叉

用香菌、青笋，炒。

闻香草

用蜇片、蒜片，炒，糖醋。

巧舌根

用冬笋、青蒜^②、酱瓜，炒。

上天梯

用酸菜、大蒜，炒。

核桃肉

锅烧，椒盐蘸。

梅花肉

用虾仁、火腿、口蘑、核桃，清汤，烩。

黄脑

用蛋黄、灰面果（裹），走油，虾仁，炒（加虾仁炒）。

---

① 苔菜：海苔菜，属海藻类食物。又称"干苔"。

② 青蒜：新出的蒜苗，茎细而辣味微。

黄喉

用冬笋、火腿，炒。

肺管

用蛋芡、灰面果（裹），炸黄、切碎。

白肺

切丝、酱瓜、姜、葱、芥末拌；切片也可。

项圈

锅烧，卤煮。

八宝心

用核桃、杏仁、姜、葱、瓜丁，炒。

麻哪肺

用芝麻、椒盐、白糖，拌肺上。炸过。

生羊肝

用椒盐、醋、麻油、芥末、韭菜黄（韭黄或韭菜白），拌。

炒羊肝

用酸菜，炒。

麻炸肝

用芝麻，拌。

羊枣肝

用生肝、蛋黄灌小肠，煮，刮去外面，炒。

西洋肝卷

用韭菜、盐菜、花椒，拌。用网油，包。油锅炸，切段。

鹿尾肝

用生肝、肥油丁、蛋黄灌大肠、冬笋，炖。

糟羊肝

用糖醋，放芹菜，炒，加酱。

炒肚头

用生肚头、豆豉，炒。

肚丝

用火腿、冬笋、盐，炒。

蜂窝肚

用酱瓜、姜丁，炒。

白炖肚肺

用各鲜色配合，上碗。

净瓶

用酒米①、火腿、笋子、瓜丁酿小肠，清蒸。

蓑衣肚

用白果、木耳、青笋、芥末，拌。

脊髓

用口蘑、青笋、蛋糕②调，烩。

---

① 酒米：糯米。

② 蛋糕：疑作"蛋芙"。

核桃肠

用胡椒①、火腿灌，清炖。

酒米肠

用酒米、火腿灌、蒸，挂卤。

梅花肠

用香菌、笋片，炒。

黄肠

用大、小肠，烩。

肥肠

用油灌，清炖。

炙肠

小肠炸黄，盐菜、韭菜，炒。

锅烧肠

用大、小肠，椒盐，蘸。

红白肠

用血灌，烩。

腰窝油

用肚、肝、腰条，甜酱，炒。

金钱腰

用酸菜、冬笋，炒。

---

① 胡椒：疑为"胡桃"之误。

鸡冠油

用核桃、杏仁，炒。

小子肝

红烧，用核桃、杏仁、姜、葱拌，切丝，拌。

西洋肉卷

肉丝、盐白菜、葱、蒜，网油包卷，烧。

虎尾肉

用莲子、火腿丝酿，网油包卷，蒸，清汤。

晾干肉

用瘦肉晒干，切片，用大头菜、蒜片，干炒。

水羊肉

白煮，切韭菜，拌。

羊梅元

羊肉切碎，用蛋黄合火腿丁，蒸，清烩。

酸肉

用整大块腿子，放麻油红烧，收干，手撕，上碗。

段肉

用方块，同醋炖。

锅烧肉

用酱炖好，走油、炒，切块，蘸椒盐。

羊肉卷

用肥羊肉包小肠，缠好煮，清汤。

元尾肉

用肥羊尾，白炖。

炸羊肉

白炖，晾冷切片，拌蛋黄和灰面，油炸，上白糖。

羊血糊

炒灰面，胡椒、葱、姜、蒜末，清汤糊。

羊肾

白煮或炒。

羊蹄筋

清烩、爆炒，俱可。

鳖炖羊肉

用白鳖，或红白，炖；或藕根，炒。

绿沙羊肉

用大方块生切，走油，红烧。

烤羊肉

用瘦肉二三片，大块，用冷水淋过，吊起，扎紧串片，合酱油，上铁丝上烤吃。

全猪类

（名称四十六种）

词曰寄生草

乌纱顶，三寸坪[①]，项圈颏吃靠骨成。胸叉胳膈分酸肉，裹肠燎炙现皱纹。哈耳双助审左右[②]，乌叉下截锣搥形[③]。

大件八款十三则

宝盖	项圈	地坪	颏叉	乌叉	胸叉
裹肚	肋条	哈吧	锣搥		

杂 录

云鼎	耳骨	钞泥	唇叉	印棠	玉隔
条舐	鼻脊	地抄	胳膈	星盼[④]	云花
软喉	雪肺	髓管	玦肝	条酥	玲珑
象头	双腰	过江	脊䐐[⑤]	全筋	节香
冠油	爪尖	干装	血酪	血肠	花肠
旗肠	麻肠	核肠	虾肠	肝肠	姜肠

---

① 三寸坪：抄本作"三才坪"。

② 哈耳双助审左右：抄本作"哈口耳双肋审左右"。哈耳，哈耳巴，又称"哈儿巴""哈力巴"，即猪臂。

③ 乌叉下截锣搥形：抄本作"巫叉下截锣搥形"。乌叉，腿膀肉。

④ 星盼：抄本作"星耳兮"。星盼，疑为猪眼。

⑤ 䐐：疑作"脊柳"。脊指通脊，四川俗称"扁担肉"；柳，指腰柳。

八珍类

（名称六种）

此馐异款，各省辑选。吾辈遇制，烹调加减。

诗咏赋五律

峰为骆驼顶[①]，馐是猩猩唇。

熊掌洞中觅，豹胎草上寻。

鸮炙[②]西崖有，鲤尾东海沉。

龙肝并凤髓，八珍全款名。

龙肝　　凤髓　　豹胎　　猩唇　　驼峰　　熊蹯[③]

此八则见做，不敢乱录。

---

① 峰为骆驼顶：抄本作"丰为骆驼顶"。

② 鸮（xiāo）炙：烤猫头鹰。

③ 熊蹯：抄本只有六珍。似缺"鲤尾""鸮炙"。

粗菽类

（豆腐名称五十种，做法二十三种）

词曰清平乐

根健毛叶，体赛初升月。不是雨露降别灭^①，怎能颗颗粒粒。法制去渣留浆^②，碱膏二种一方^③。制就嫩蕊如银，荤素味调清香。

见景生方

杏酪豆腐	桃儿豆腐	玻蛳豆腐	箱子豆腐	销呢豆腐
珍珠豆腐	米星豆腐	蟹螯豆腐	马蹄豆腐	纹丝豆腐
菱角豆腐	灌香豆腐	吉祥豆腐	糟油豆腐	蜂蛀豆腐
雪花豆腐	桂花豆腐	卷尖豆腐	芙蓉豆腐	丹凤豆腐
口蘑豆腐	金钱豆腐	鲫鳞豆腐	祥云豆腐	百合豆腐
各髓豆腐	芹香豆腐	牡丹豆腐	八宝豆腐	烹熘豆腐
孩食豆腐	虾泥豆腐	虾皮豆腐	百页豆腐	春秋豆腐
银合豆腐	虾油豆腐	发丝豆腐	青笋豆腐	太极豆腐
馄饨豆腐	饺子豆腐	如意豆腐	鸡皮豆腐	莲实豆腐
蝴蝶豆腐	夹馅豆腐	干拨豆腐	玻璃豆腐	十锦豆腐

---

① 别灭：不详。

② 法制去渣留浆：抄本作"法炙去渣留浆"。

③ 碱膏二种一方：抄本作"卤敢羔二种一方"。碱，盐卤。膏即石膏。用盐卤点的豆腐绵软有力；用生石膏点的豆腐色白细嫩。

● **附录**

◎《通览》◎

芙蓉豆腐

改小丁，鸡皮、代茜（芡），桃仁、火肘（火腿）、口毛（口蘑），会（烩）。

莲子豆腐

甜酒绝好，青笋、火肘（火腿），烩，桃仁介面（盖面）。

鸽子豆腐

黄牙白（黄芽白）心、毛扣（蘑菇），会（烩）。

紫菜豆腐

瓜仁、杏仁面，改骨排块（骨牌块）①，香菌、冬笋，烩。

八宝豆腐

桂元、白果、核桃、板栗、杏仁、火肘（火腿）、鸡皮，小凌块②。

冻豆腐

鸡皮、火肘（火腿）、毛扣（蘑菇）、冬笋，清汤，会（烩）。

———————————

① 改骨排块：应是豆腐改骨牌块。

② 小凌块：疑作小菱形块。

螃蟹豆腐

改三分一字条，银汤（银红汤），代茜（芡）。

鸡松豆腐

改小眼块①，鸡脑（鸡脑花）、火肘（火腿）、口毛（口蘑）、青笋，烩。

银鱼豆腐

老豆腐、鸡皮、火肘（火腿）、香菌、青笋，烩。

豆咘

豆浆、蛋清、冰糖对好，上笼。

◎《摘 录》◎

杏仁豆腐

肉切泥，加蛋清、豆粉，切四方块②，加火腿、杏仁，撒面，清汤上。

金银豆腐

肉泥酿正中，蒸，走油，火腿、笋尖，红汤上。

鸭掌豆腐

鸭掌去骨，对厢（对镶），老豆腐走油，方块蒸，红汤上。

---

① 小眼块：疑作小象眼块。

② 应是豆腐（加肉泥、蛋清豆粉拌和）蒸后再切块。

南煎豆腐

切方块，干煎，加口毛（口蘑）、木耳、全钩[①]，烩上。

寿星豆腐

切泥，加肉泥、蛋清，豆粉，做元子，蒸，煮鸡蛋底，清汤上。

太极豆腐

切泥，加肉泥、蛋清豆粉，放七寸盘，做成太极图样，蒸，红汤，上。

活捉豆腐

冷豆腐[②]切小方块，加冬笋、豆豉、辣子面各料配合，先下作料，后下豆腐，挂支子（滋汁）上。

箱子豆腐

豆腐切大方墩，走油，挖空，内酿鸡肉川（鸡糁），面抹蛋清、豆粉，蒸，红汤上。

豆豉豆腐

豆腐切四方块，走油，豆豉对厢（对镶），红汤上。

和尚豆腐

加火腿、口毛（口蘑）丁，泥酿调羹内，蒸，清汤上。

---

① 全钩：疑似"金钩"。

② 冷豆腐：生豆腐。

荷包豆腐

肉泥，豆腐一片，三尖角①中夹泥，面嵌火腿、冬笋，蒸，清汤上。

玉兰片老豆腐

豆腐、玉兰片煮老，加肉片，红汤上。

十锦豆腐

用丁，加鱼丁、火腿丁、肉丁配合，红、白汤，挂芡均可。

珍珠豆腐

豆腐丁，加仙米（葛仙米）配合，烩。

---

① 三尖角：豆腐切成三角形。

大烤类

（原缺）

小烤类

（原缺）

鲜汤类

（原缺）

果茶类

（原缺）

冻菜类

（原缺）

拼摆类

（原缺）

蔬菜类

（名称一百零九种，做法九种）

便制无款，按季择选。

若逢见新，睹物加减。

桩桩过手，不可懈懒。

恐防不测，自失检点。

见景随做

西洋白菜	锅烧白菜	火腿白菜	蟹烧白菜
虾烧白菜	金钩白菜	高丽白菜	炙卷白菜
冬菰白菜	燹烧白菜	鸡蒙白菜	笋烧白菜
口蘑白菜	鸡皮白菜	绣球萝卜	琉璃萝卜
锅烧萝卜	煎萝卜饼	百溅萝卜①	溜萝卜卷②
虾炖萝卜	腰炙萝卜	安乐菜	野鸡红
吉祥菜	全景菜	冬瓜菜	酿冬瓜
熘瓜叩	冬瓜燕	烧鳌茄	脑脯茄
锅烧茄	溜茄夹	青酱茄	酱炙茄
溜茄脯	鲜酿茄	烩芹羹	炒芹筋
拌芹黄	熘芹桃	烩酸菠菜	蟹黄菠菜

---

① 百溅萝卜：疑"白水萝卜"，蘸味碟食。

② 溜萝卜卷：抄本作"溜萝卜捲"。

金钩菠菜	炒菠菜茎	熘鸡头红	盐烹韭菜
虾爆韭菜	龙须韭菜	鲜酿王瓜	青酱王瓜
水紧王瓜	拌王瓜丝	红烧芥菜	雪花芥菜
虾皮芥菜	鸭皮菜头	火腿菜头	囨①芥菜心
金钩菜头	烩豌豆羹	炒豌豆泥	口蘑菜头②
拌燕喞珠	炒香馥丁	烹蚕豆芽	香尖豆瓣③
炒蚕豆泥	酱炙蚕豆	小豆腐	青豆泥
熏豆瓣	烹茼蒿羹	炙茼蒿鱼	嘛豆腐④
拌茼蒿菜	烧茼蒿元	鲜溜茭白	酿茭白菜
烹紫菜苔	炝紫菜苔⑤		

外计

豇豆	峨眉⑥	四季⑦	白扁	蕹菜
苋菜	介南⑧	莲花⑨	瓠瓜⑩	癞瓜⑪

---

① 囨：不详。

② 口蘑菜头：抄本作"口芼菜头"。

③ 豆瓣：指蚕豆瓣。

④ 嘛豆腐：麻腐。

⑤ 炝紫菜苔：抄本作"酺（qiāng）紫菜苔"。紫菜苔，四川俗称"红油菜薹"。

⑥ 峨眉：抄本作"娥眉"。峨眉，峨眉豆，扁豆的一种。

⑦ 四季：抄本作"四香"。四季，四季豆，又称菜豆，豆角。

⑧ 介南：芥蓝。四川俗称"建南菜"。

⑨ 莲花：莲花白，即结球甘兰。

⑩ 瓠瓜：抄本作"富瓜"。

⑪ 癞瓜：抄本作"獭瓜"。癞瓜，苦瓜的别名。

倭瓜　　茎兰①　　莴苣②　　泽台③　　蒜薹

芋头　　线瓜④　　薤蒜⑤

● 附录

◎《通　览》◎

酿豇豆

挠好，包成琇球（绣球），肉萝⑥、肉茜（肉芡）并石耳，清汤。

烩茄丝

鸡皮、毛扣（蘑菇），银红汤，代茜（芡）。

白菜果

切丝挠好，料虾果（虾料裹），肉、茜（芡），外合白果。

西洋白菜

白菜水⑦，内加肉酿，外网油，锅烧。

---

① 茎兰：球茎甘兰。

② 莴苣：莴苣笋、青笋。

③ 泽台：疑为"蕨苔"，即蕨菜薹。

④ 线瓜：线丝瓜，丝瓜之一种，长而细。

⑤ 薤（xiè）：俗称"藠（jiào）头"。

⑥ 肉萝：不详。

⑦ 白菜水：白菜出水。

绣球萝卜 [1]

虾料肉果（裹），外萝卜丝。

萝卜果

切丝，搅热 [2]，□（原字不清）肉，包果茜（裹芡），
外粉，上笼。

火腿白菜

清汤，烩螃蟹。

火腿冬瓜

青烩（清烩），虾胸。

◎《摘 录》◎

豌豆泥

大白塎豆（豌豆）煮㸆，去皮，烩。

---

[1] 绣球萝卜：抄本作"琇球萝卜"。此菜当是以虾茸做丸子，再裹上一层萝卜丝，
入沸水汆成。

[2] 搅热：不详。

摘锦类

（名称七十六种，做法二十六种）

词曰满庭芳

供食群谊，红炙清�，荤备素齐。羶腥是酒当回避，烹水腥酒，魄不离。春秋分四季，味据百食按谱，全留意。默默寻思，俸飡①喜投机。

此类生枝

炖炙舌掌	椒盐炸肫	南糟鸡肫	鲜炒玉笋②
熘蛋管花	炸鹿尾肠	椒盐金冈	烩觞件③羹
烩嫩面筋	烧扭丝筋	蜈蚣面筋	松瓢面筋
熬锅渣丁	糖醋锅渣	燹烹锅渣	玫瑰锅渣④
玫瑰百合	桃儿百合	烩百合泥	炒百合花
烹慈菇羹	炒慈菇片	酿慈菇果	枝核⑤腰子
高丽慈菇	凤尾腰子	鱼腮腰子	清焌腰子
清炖老腰	干炸老腰	拌青腰丝	烹熘腰子
金银脑髓	高丽脊髓	鲜烩脑髓	烩脊髓管

---

① 飡（cān）：同"餐"。

② 玉笋：玉米嫩心。

③ 觞（shì）件：疑为"什件"，即鸡、鸭杂件。觞，古同"饰"。

④ 玫瑰锅渣：抄本作"玫降锅渣"。锅渣，今作"锅炸"。

⑤ 枝核：疑作"荔枝"，指猪腰子切荔枝形。

桂花蹄筋　　清烩蹄筋　　红烧蹄筋　　稀卤蹄筋①

鲜爆肚尖　　水泡肚片　　生溜肚丝　　熏酿油肚

琉璃肝丝　　麻花肝卷　　凉炙肝糕　　全烧酥肝

清炖白肺　　金钩炖肺

● **附录**

◎《通　览》◎

松仁咘

甜酒、糯米松浆，下锅炒。

牛乳咘

甜酒，铜锅烧，用碗庄（装）好，甜酒兑（对）。

◎《摘　录》◎

荔枝肚头

溜上。

清汤肚头

配合清汤上。

金银肚头

加么花（腰花），烩上。

---

① 稀卤蹄筋：原作"浠卤蹄筋"。

满烩面筋

加鸡，切条，肚花，肉花，桃仁、青豆，挂欠（芡）上。

十景面筋

用各样配合切丝，蛋丝配合，清烩上。

回汉面筋

面筋打花，切象牙块，加火腿，笋，鸡片配合，走油，挂支子（滋汁）上。

素烩面筋

加水豆腐配合，挂欠（芡）上。

凉拌面筋

面筋切片，加火腿、鸡、笋片配合，香油凉拌上。

响铃面筋

面筋走油，炸小汤元，搭走，加糖醋支子（滋汁）上。

罗汉面筋

面筋出水、煮元①，外加配合，清烩上。

炸熘面筋②

切丝走油，加糖汁盖面，外配合，熘支子（滋汁）上。

白菜面筋

加白菜，走油，火腿、鸡、笋片配合，清烩上。

---

① 煮元：原文如此。

② 炸熘面筋：抄本作"熘扎面筋"。

鸽虎面筋 [1]

用猪蹄子炖肥鸽蛋，切棋子块，红汤上。

果子面筋

加白菜、扁豆、莲子、桃仁、苡仁，挂糖支子（滋汁）上。

酿面筋

肉泥包面筋，加蛋清、豆粉酿，加火腿、笋片，清汤上。

清蒸腰子

切片，火腿、笋、鸡片、口茉（口蘑），清汤上。

四喜腰子

打花，切棋子块，加各料，烩炒上。

云耳腰子

打花，切骨排块（骨牌块），加耳子、黄花，烩炒上。

凤尾腰子

打花，切一字条，加配合，炒上。

清炖腰子

打花，炖，加火腿、笋、鸡片，清汤上。

盐水酥腰 [2]

腰子出水，加水、花椒、葱、姜，蒸香，扣上。

---

[1] 鸽虎面筋：原作"鸽府面筋"。鸽虎，虎皮鸽蛋。

[2] 盐水酥腰：抄本作"盐水禾腰"。

红烧腰子

腰子出水，加肉，红烧，红汤上。

荔枝腰子

打花，切象牙块，豆粉码，加各料同炒上。

干炸腰卷

腰子切丝，加火腿丝、肉丝、灰面、豆粉、蛋调匀，用网油包卷，走油，椒盐上。

前后书录，肆拾玖篇。同类朋友，概可借观。倘若看过，必须反还。切忌损坏，务须保全。非予异说，实难写刊。

依样调鼎

（做法二百二十一种）

吾辈苦习勤俭，须宜琢意心专。

依样调鼎粗俗，内贮奥妙无边。

形为遽照非常[①]，倘遇疑难便观。

春夏秋冬四季，温寒暑热两般。

荤腥鹅羊羮素，爆熘烹煮炸煎。

时逢酸辣苦涩，辨就甘美异甜。

大概俱依大道，盐咸加减盐醃。

培□[②]须要洁净，污罨霉老不鲜。

天花乱坠汤

用腐衣、紫菜、绿菜、笋、白菜、虾扇。

鸭块莲米

鸭切小方块，加莲子，烩。

糖炝笋尖

醪糟醅（炝）鲜笋。

烧梅干菜

即霉菜（霉干菜）烧戒方肉。

---

① 形为遽照非常：不详。

② □：原本因虫蛀，此字不清。

盐水韭菜

中一节炒。

炒煑肉丝

用顶好腿子切，见青①。

十景豆腐

火腿、鸡、杂件，会（烩）。

荷包鸡蛋

鸡蛋煎荷苞样②，交③。

油豆笋鸡

用豆腐打④。此宜鲜溜锅炸。

虾子萝卜

金钩熬。

鲜溜⑤锅炸

鸡切小丁果（颗），果（裹）蛋，加笋，走油。此宜
"油豆笋鸡⑥"。

烧樱桃肉

用五花肉，小方块，红烧。

---

① 见青：指烹菜时加绿叶菜同炒。

② 鸡蛋煎荷苞样：此句应作"鸭蛋煎荷包样"。

③ 交：疑作"浇"。后面似有脱落。

④ 用豆腐打：应写在"鲜溜锅炸"下。

⑤ 溜：同"熘"。下同。

⑥ 油豆笋鸡：上制法应置"油豆笋鸡"后。

芹烹核桃

芹菜夹桃（桃仁），炸。

清汆鱼片^①

鱼听（片），吗粉（码粉），清渗（清汆）。

烩酸菠菜

菠菜醋罨（腌），炸。

西洋白菜

用黄央白（黄秧白）酿肉，走油，红烧。

罗汉面筋

素件，烧。

虾油白觃^②

虾油拌，加黄瓜。

燹爆虾仁

蛋清拌，炒。

珍珠豆腐

火腿丁，烩。

脆溜白菜

用蕊（心），溜。

---

① 清汆鱼片：原作"清渗鱼片"。

② 白觃（piǎn）：何物不详。觃，指视貌。

椒盐子盖①

五花，走油，椒盐。

冬菜茭白

冬菜，妙（炒）。

嫩蒸鸡蛋

加料随蒸。

炒芥蓝菜②

油大。

糖醋溜鱼

糖醋，麻油，溜。

走油麻腐

麻羔（麻腐糕），走油。

烧东坡肉

大，生，红烧。

菠菜腐衣

豆衣③，烩。

金钩炖肺

金钩炖。

---

① 椒盐子盖：抄本作"椒盐紫介"。

② 炒芥蓝菜：抄本作"妙薙兰菜"。

③ 豆衣：腐衣，四川称豆油皮。

拌三镶菜

芹、萝白（萝卜）、连棍菜①，拌。

荔枝元子

溜。

炒扁豆丝

炒，本色。

芙蓉双凤汤

芙蓉蛋、鸽蛋配合。

云埋芙蓉五福汤

用小虾元，面盖，五色蛋花。

冬菜鸭块

用冬菜，烧，镶。

虾泥豆腐

沙泥（虾泥），炒。

烧马牙肉

长条，计刀（剞刀），走油，红烧。

菜花银芽 ②

用醃菜花，炒。

干爛肉片 ③

腿子，干炒。

---

① 连棍菜：不详。

② 银芽：绿豆芽。

③ 干爛（làn）肉片：今作"干煵（nǎn）肉片"。爛，烤。煵，方言，微炒。

水爆肚尖[1]

生肚片，水浸，合水渗（汆）。

火腿白菜

用火腿，熬。

熘嫩面筋

就煮[2]，软熘。

口蘑炖鸡

口茏（口蘑）炖，本色。

麻酱莴苣[3]

麻酱，拌。

大焖鳝鱼

大祘[4]（蒜），内（肉）烧，自来欠（芡）。

虾米韭黄

金勾（钩），炒。

炒滑肉片

粉吗（码粉），熘。

鲜炒豆泥

即小豆腐。

---

① 肚尖：又称肚头、肚仁。

② 就煮：原文如此。

③ 麻酱莴苣：抄本作"麻酱莴苣"。

④ 祘（suàn）：同"算"。

粉子蒸肉

粉蒸，五花。

炸鱼蓝片

即菊花叶。

烧佛耳肉

长夆[1]、大料[2]，计刀（剞刀），红烧。

香菌豆腐

冬菰，炖。

椒盐肝卷

网油裹，上盐，走油[3]。

十景面筋

杂件，烩。

烹炸虾饼

虾料走油，交交麻（浇椒盐）。

熘黄瓜丝

金末[4]，溜。

醃菜肉丝

醃菜，妙（炒）。

---

① 长夆（jiàng，xiáng）：疑为"长条"之误。夆，古同"降"。

② 大料：五香料。

③ 网油裹，上盐，走油：应作"网油裹，走油，椒盐上"。

④ 金末：疑为"金钩末"。

拌茭蒲菜^①

配合，拌。

红烧羊肉

大料、绍酒、麻油，收。

燰炙鳌茄

比物（此物）全要细内（肉），炒。不录。

盐卤鸭子

盐卤煮，冷上。

锅烧萝卜

走油，挂支（汁）。

三才烧白

五花肉到叩（扣），用^②。

芹黄腐干

配合。

合鲛^③ 全熘

盐血^④、豆腐、肉丁，溜。

龙眼豆豉

姜米、金钓（金钩），蒸。

---

① 茭蒲菜：疑为"茭儿菜"之误。

② 用：此字后似有脱落。

③ 合鲛：不详。

④ 盐血：疑为"鸭血"之误。

酸辣清浊汤

用姜汁、胡淑、醋，清汤，冲。

如意肉丝汤

肥腹（瘦）肉丝，加虾扇。

板栗烧肉

板栗烧。

炒青豆瓣

鲜青豆，妙（炒）。

凤尾腰花

配合，熘。

拌孩儿食 ①

黄瓜丝，拌。

熘田鸡腿

走油，淋支（汁）。

锅浇白菜

走油，红烧。

冬菜片燹 ②

冬菜，炖。

溜芹茎丝

芹菜，妙（炒）。

---

① 孩儿食：不详。

② 冬菜片燹（xiǎn）：抄本作"冬菜吩燹"。疑为"冬菜腰片汤"之类。

萝卜丝鱼

用萝卜糸（丝），煨。

虾油鹦鹋①

用菠菜，炒（妙）。

冰糖烧肘

用冰糖、科酒（料酒）、酱油，炖，收。

豆腐饺子

肉酿。

金钱鸡塔

用肥膘塔（搭）②，走油，前（或煎），椒盐。

炒吉祥菜③

用泽泻苔④。

炒里脊丝

用大兜菜⑤，妙（炒）。

醃菜荸荠

用慈菇，妙（炒）。

炒一品肉

整大方块，刀刁，下红锅。

———————————————

① 虾油鹦鹋：抄本作"虾鱼鹦鹋"。

② 塔（搭）：贴，此菜应是以肥膘贴鸡片（茸）。

③ 炒吉祥菜：抄本作"妙吉祥菜"。吉祥菜，即干蕨菜。

④ 泽泻苔：为"蕨菜苔"之误。

⑤ 大兜菜：疑为"大头菜"。

鲜炒芋笋①

用芽麦心妙（玉麦心炒）。

蚕豆鸡片

鲜蚕豆，炒。

熘缕瓜②叩

缕瓜，计刀（剞刀）。

瓜鲝肉丝

用酱瓜丝妙（炒）。

炒雪里红

妙（炒），本色。

金钩老肝

茙菰（蘑菇），腐③。

溜绿银条④

椒油，妙（炒）。

折烩溜鸡⑤

刀刁，收红（红收），衣到叩（扣）。

---

① 芋（zì）笋：今称"玉笋"。

② 缕瓜：不详。

③ 腐：疑为"豆腐"。

④ 绿银条：疑为"绿豆芽"。

⑤ 折烩溜鸡：此菜做法似为：将鸡皮、肉分离，肉切细，烩过；鸡皮铺蒸碗内（面朝下）；再把鸡肉装皮内，上笼蒸熟，上菜时翻于盘内。

拌十锦丝

用配合，什□（原字不清）。

佘鲤鱼卷 [①]

用抡挞菜 [②]、姜、葱，收。

烩棋盘菜 [③]

烩。

烧芙蓉肉

肥膘，计刀（刮刀）。

燹酿黄瓜

肉酿，走油。

炸晾干肉

金钩、虾，烧。

溜醃菜花

即溜菜心。

酸辣清浊汤

用姜汁、胡椒、醋，清汤，冲。

如意肉丝汤

用肥瘦肉丝，加虾扇。

龙眼五花

用长片卷豆豉，到叩（扣）。

———————————

① 佘鲤鱼卷：抄本作"挼鲤鱼卷"。

② 抡挞菜：不详。

③ 棋盘菜：菟（tù）葵。

藜蒿香干

用豆干，拌。

挂炉烧凫

即烧鸭[1]，片。

蜈蚣面筋

素件烧。

炸鹿尾肠

用肝兑（对）、灌（灌肠），走油、椒盐。

果馅冬瓜 [2]

果馅（果馅）酿，走油。

炖水晶肉

去皮，炖，蒸。

炒蚕豆泥

胡豆，炒。

烧蜜炙肉

用蜂蜜、蜜枣、糖，收。

菜蕊菱角

用菜心，炒。

春秋虾糕

白菜，镶。

---

① 烧鸭：四川称烤鸭为烧鸭。

② 果馅冬瓜：抄本作"果馅冬瓜"。

玉柱银条

用韭菜，炒。

金针^①肉丝

用金针，煞。

文丝豆腐

用干□（原字不清），切细糸（丝）。

芥末拌鸡^②

用笋衣，拌。

拌四菜心

用辣菜，拌。

烧石榴肉

大方块，刀刁，下洪锅（红锅），方轴^③。

米星豆腐

用顶细丁，烩。

炒木须蛋

肉丝，炒。

熘萝卜饼

肥肉打^④，煎。

---

① 金针：金针菜，俗称"黄花"。

② 芥末拌鸡：抄本作"蕻菜拌鸡"。

③ 方轴：原文如此，何意不详。

④ 打："打"字后似有脱落。

耳黄炖肉

黄焖。

清酱茄子

青豆（清酱），收。

燹爆鱼丝

酱皮萝卜，炒。

炒翡翠羹

青菜、鸡泥，炒。

豆筋烧肉

红烧。

烩豌豆瓣

口茸（口蘑）、金钩，烩。

糟舌掌信 ①

用糟油，拌，蒸。

虾熘茼蒿

虾米妙（炒）。

韭黄如意

炒。

炒黄瓜泥

煮溶（茸），烩，炒。

---

① 糟舌掌信：抄本作"槽舌掌信"。

熏腊田鸡

熏田鸡。

松瓤面筋

用肉酿。

酸菜麻辣汤

酸菜、肉丝、胡椒。

琉璃银丝汤

顶细萝上丝（萝卜丝），渗（氽），吗粉（码粉）①。

酱炙肘子烧

烧烧②。

锅烧芋头

洪烧（红烧），走油。

龙须虾仁

豌豆尖，炒。

金钩豆腐

用虾皮，煎。

香菰肉丝

冬菰丝，烧。

清溜茭白

用凡青菜（见青菜）。

---

① 渗（氽），吗粉（码粉）：似应"先码粉，后入水氽"。

② 烧烧：后一"烧"字为衍文。

金银脑髓

蛋果①（裹），走油。

拌野鸡红②

红萝卜③，拌。

勒鲞炖肉

用鲞鱼片。

清脆黄瓜

麻油酲（蘸）。

子姜烧鸭

用子姜，烧。

板栗白菜

走油，全烧。

糟火腿片

糟粹（醉），蒸。

绣球萝卜

肉酿。

醋熘鱼虾

糖醋，熘。

---

① 蛋果：分别用蛋清、蛋黄粘裹。

② 拌野鸡红：抄本作"拌野鸡洪"。

③ 红萝卜：胡萝卜。

响铃面筋

走油，加麻①。

山药烧白

红烧。

烹熘藕夹

夹，用肉夹。

酥造羊肉

大、香油，酒，烧。

炒菊花菜②

炒，本色。

金线葫芦

用蛋荷包。

豆腐元子

肉，打。

青笋烧肉

用豆腐，烩。

炸霉干菜

干打。

葵花鸭子

用笋尖，烧。

---

① 麻："麻"字后面似有脱落。

② 菊花菜：茼蒿。

酰四季豆

麻油，烩。

凤毛肉元

用火腿叩（扣）。

虾米苋菜

炒。

牡丹鲫鱼

用酒菜①，蒸。

烧燹莴笋

烧。

燹烩虾羹

青蒸（清蒸），□（原字不清）子。

炒鹦鹉菜 ②

本色。

红白冬髓汤

用鸭血、豆腐、肉丁，烩。

夜落金钱汤

用金钱腰金（筋）③，计花（剞花），渗（氽）。

烧万字肉

用刀刄。

---

① 酒菜：疑为"韭菜"。

② 鹦鹉菜：菠菜。

③ 金钱腰筋：猪腰不去骚，横切成片，俗称"金钱腰"。

熯炝白菜

走油。

白菜鸭条

对镶。

祥云豆腐

用虾料。

豆尖[①]**肉丝**

鲜炒。

假晾干肉

用老面觔（筋）。

琵琶虾子

用蛋面，炸。

烧冬瓜块

红烧。

南煎肉元

用金钓（钩）丁。

麻酱腐衣

拌。

菱角焖鸡

黄焖。

---

① 豆尖：豌豆苗。

青椒豇豆

走油。

白煮肉丝

拌。

锅烧茄子

走油。

烧焖鲢鱼

红烧。

玫瑰荷花

炸，粉，渗①。

炸麻花肉

用肉肥瘦（肥瘦肉），炸。

雪燕冬瓜 ②

粉，渗（氽）。

烧京吊子 ③

走油，炖。

老脯茄子

用韭菜、辣子末。

---

① 渗：此处似指将荷花花瓣洗净，再逐片裹一层干豆粉，入油锅炸。

② 雪燕冬瓜：又称"冬瓜燕"。用冬瓜去皮去瓤，切丝、扑细干豆粉，入沸水中氽至色白发亮时，捞起，漂清水中备用。因成菜后形、色似燕窝，故名冬瓜燕。

③ 京吊子：不详。

炸腊□^①鸡

用对虾，烧。

蟹烩白菜

用瓢儿白，烩。

冰纹鸽蛋^②

生料走油，加料，蒸，手撕。

玲珑癞瓜

肉酿，走油、烧。

烧梅封肉

用刀刁，坛子封，煨。

十锦芹羹^③

用鸡件（鸡什件），烩。

卤拌舌掌

（原作无文字介绍）

银销豆腐

走油，酿。

全臆野鸡^④

用肥肉塔（搭）。

---

① □：原字不清。

② 冰纹鸽蛋：据制法看做此菜可能用的是鸽子。

③ 十锦芹羹：抄本作"十锦斤羹"。

④ 全臆野鸡：原作"铨（quán）镱野鸡"。臆，胸内。

清酱王瓜

走油，炙。

烧蹄爪尖

用鸡□□（原字不清）。

醋醃菜苔

醋罨（腌），炒。

青龙白虎汤

用豆尖、豆腐。

百子咘莲汤

用虾扇、虾元、芹菜、柴菜（紫菜）。

琵琶肘子

洪烧（红烧），冷上。

发丝豆腐

加配头。

吗哪心肺

拌。

珍珠豆腐

用虾，烩。

炒桂花蛋

用虾，妙（炒）。

燹酿芦瓜

肉酿。

松酿酥鸡

走油。

烹熘藕盒

走油。

糟油鸭子

用糟，蒸。

蟹油菠菜

蟹油，炒。

徽州元子

用酒、米，蒸。

卤拌面筋

拌。

蒜拌皮扎 ①

用海蜇，拌。

炸馨鱼兰

用香春（香椿），拌。

红烧鹌鹑

卤煮。

熘胭脂菜 ②

用见血菜。

---

① 皮扎：皮扎丝，用猪皮煮至炟软适度，压平，先片薄片，再切成极细的丝。

② 胭脂菜：落葵，又名"染浆叶""木耳菜"。

附录一
《成都通览》
菜目

（所载川菜川食）

说明：本附录只列菜品、食品名目。其中"成都之食类及菜谱"部分菜肴的作法已见《新录》，其他如价格、说明文字等从略。

大餐^①

（一百六十五种）

石响补丁^②	藩格补丁	牛奶补丁	广香补丁
西米补丁	雪涛补丁	水晶吉林	金银吉朗
水晶吉朗	吉朗	香水冻	牛奶冻
水晶糕	羌活冻	牛奶饼	松酥饼
杏仁饼	生油饼	粒粒饼	肉丝饼
汝油^③排	广干^④排	鸡蛋排	黄油排
花蛋糕	金银蛋糕	千层蛋糕	广香蛋糕
羌活蛋糕	三层蛋糕	卷同^⑤蛋糕	雪球蛋糕
粒粒蛋糕	白毛蛋糕	沙丁鱼	纸盒田鸡
锅罗吉	莲花虾仁	纸盒蚕豆	奶汤面
纸盒龙虾	扬州卫生面	奶门蛋	沙布田鸡
莲花蛋	龙眼蛋	虾仁蛋	白杀蛋
菊花蛋	芥尺蛋	红会^⑥田鸡腿	立立茶

---

① 大餐：西餐。以前成都的一些大餐馆除经营西菜、西点外，还杂以一些中菜，不过格调和食法均照西餐安排，这就是所谓的"中菜西吃"。

② 补丁：今作"布丁"。下同。

③ 汝油：疑作"乳油"。

④ 广干：疑作"广柑"。

⑤ 卷同：应作"卷筒"。下同。

⑥ 会：应作"烩"。下同。

非非茶	考面巴①	纸盒虾仁	虾龟宰
鸡龟宰	格利鱼排	香槽鱼牌②	卷同蛋
那丁蛋	如意蛋	波实蛋	如意鱼卷
加力③比往	鸡生粥	鸭生粥	鱼生粥
八宝稀饭	燕窝粥	西国鱼翅汤	西米羹
梨子	桃子	荔枝	波罗④
外国洋桃	外国木瓜	潘茄⑤饭	甘油兔子
川彪⑥兔子	五香斑鸠	葱烧斑鸠	香菜会斑鸠
红会鸠脯	沙南米斑鸠	纸合野鸡	查实该野鸡
比往野鸡	葱烧野鸡	红会野鸡	白会野鸡
加力野鸡	如意野鸡	卷同野鸡	香姑⑦会野鸡
香炸野鸡	大分野鸡	三丝鲍鱼汤	如意鲍鱼汤
口末⑧鲍鱼	鸡丝鲍鱼汤	鱼肠奶汤	西米清汤
如意奶汤	鸡片末姑⑨汤	桂花牛奶汤	桂花鲍鱼汤
鸽蛋鲍鱼汤	查实清汤	牛奶白会汤	金钱海参汤

---

① 考面巴：今作"烤面包"。

② 鱼牌：应作"鱼排"。

③ 加力：应作"咖喱"。下同。

④ 波罗：应作"菠萝。"

⑤ 潘茄：应作"番茄"。

⑥ 川彪：应作"穿膘"。下同。

⑦ 香姑：应作"香菇"。

⑧ 口末：应作"口蘑"。下同。

⑨ 末姑：应作"蘑菇"。

绣球海参汤	蝴蝶海参汤	鸡□鱼翅	攒丝鱼翅
加力羊脾①	格利羊排	香花羊肺	香炸羊肺
烤子猪脾	荷花店	香花猪肺	格利猪肺
加力猪脾	红糟猪脾	卷同羊肉	铁板羊肉
加力饭	那丁饭	虾仁饭	桂花饭
藩卷补丁	鱼翅鸡汤	凤尾鱼翅汤	三汶鱼
外国牛肉	外国火肉	龙须笋	格利鸡脾
烤子鸡	纸盒鸡丁	锅吉羊肉	川彪羊腿
加力羊舌	香粉糟羊肉	卷同牛肉	铁板牛腰
牛肉脾	糟牛舌	加力牛舌	铁板羊腰
加力鸡块	大粉鸡	卷筒鸡	大粉鸭子
会甜鸭丁	南糟甜鸭②	甜鸭干卷	加力鸭子
如意甜鸭	林茂③鲜鱼	如意鱼	香炸鱼
舍利油杀白鱼			

---

① 脾：疑为"牌"之误。牌，今作"排"。下同。

② 甜鸭：今作"填鸭"。下同。

③ 林茂：疑为"柠檬"之误。

席桌菜品

（三十二种）

席点名目

蛋黄糕	鸡丝炒面	水饺子	洋菜羹
凉糍粑	虾仁炒面	清汤饺子	燕菜羹
乌梅羹	桔羹	杏仁茶	大鲜花饼
小鲜花饼	大火腿饼	水火腿饼	烧麦
纸薄小烧麦	包子	波菜面①	鸡油汤元
春卷	大肉包子	抄手②	八宝饭
炸汤元	萝卜饼	小馒头	扬州面
白糖黄糕	荷叶饼	鸡丝面	清汤面

---

① 波菜面：以菠菜汁和面擀成，今称"青菠面"。波，应作"菠"。

② 抄手：馄饨。

席上菜目

碟子①

（五十七种）

火腿片	火腿丝	冰糖火腿	火腿方颗
发菜卷	浙皮卷②	溜皮卷③	拌耳子丝
拌海带丝	小莲花白包	溜白菜	溜青菜
溜黄瓜皮	皮蛋	扎皮蛋④	拌口蘑
腐干丝	笋衣	薰⑤髓	炙蹄筋
鸭片	鸡片	君干⑥	扎干⑦
糖核桃片	扎桃仁⑧	拌桃仁	肚片
腰片	醉笋	醉虾	卤肉
田鸡	薰鱼	舌子	鸭舌掌
腐皮	豆筋	排骨	拌洋菜
拌芥末肚子	肝卷	盐蛋	薰蛋

---

① 碟子：席面的一种格式，通常在大菜之前，用于下酒。数量多少根据席桌规格而定。碟子有单碟、对镶碟两种，根据季节的不同，又有冷碟、热碟之分。

② 浙皮卷：应作"蜇皮卷"。

③ 溜皮卷：应作"溜蜇皮卷"。

④ 扎皮蛋：应作"炸皮蛋"。

⑤ 薰：应作"熏"。下同。

⑥ 君干：应作"肫肝"，即鸡肫、鸭肫。下同。

⑦ 扎干：应作"炸肝"。

⑧ 扎桃仁：应作"炸桃仁"。

金勾（钩）	对虾片	烧冬笋	雪里红
羊尾	鸽脯	鸭髓	糟蛋
糟鱼	炙大肠	勒鲞	虾瓜①
红袍虾			

大菜

（二百六十七种）

海菜类：

高升燕窝	红烧鱼翅	冰糖燕窝	奶汤鱼翅
蟹黄鱼翅	鸡涝②鱼马	清汤鱼翅	鱼翅团
海参卷	红烧海参	清汤海参	让③海参
海参圈	奶汤海参	海参丝	海参杂会④
海参杂辨⑤	麻辣海参	清汤鱼肚	红烧鱼肚
凉拌鱼肚	烧肥鳖鱼肚	红烧开乌	清汤开乌片
让囫开乌	红烧鲍鱼块	红烧鲍鱼片	鲜鲍鱼片
瑶柱羹	菜头瑶柱	瑶柱炖肚	萝卜瑶柱
红烧瑶柱	尤鱼丝	酸辣尤鱼	草纸干烧尤鱼
尤鱼卷	玻璃尤鱼	红烧蛏干	蛏干炖肚
清汤蛏干	菜头蛏干	清蒸淡菜	红烧淡菜

① 虾瓜：虾仁拌酱瓜。

② 鸡涝：今作"鸡咘"。下同。

③ 让：应作"酿"。下同。

④ 杂会：今作"杂烩"。

⑤ 杂辨：应作"杂办"。

红烧鱼皮	清汤鱼皮	豆腐勒鲞①	鲞鱼舌尾
鲞鱼烧肉	对虾汤片	对虾蒸口蘑	对虾冬笋
红烧鳖裙	奶汤鱼唇	红烧鱼唇	

鸡类：

白油鸡片	香花鸡丝	慈姑闷鸡②	粉蒸鸡
椒麻鸡片	清蒸鸡	鸡搭子	玻璃鸡片
松仁鸡块	薰鸡	辣子鸡	鸡涝
干炸鸡块	哪嘛鸡	笋鸡丁	鸡豆花
香糟鸡	鸡丝瑶柱羹	笋鸡丁	鸡饼
鸡松	凤鸡片		

鸭类：

清蒸大甜鸭	半片大烧鸭	烧鸭片	烧甜鸭
板鸭白菜	统鸭③片	粉蒸鸭	鸭脑羹
鸭腰片	八宝让鸭	清蒸烧鸭	烧鸭舌掌
酱烧鸭			

鱼类：

碎皮④酥鱼	辣子醋鱼	糖醋鱼	溜鱼片

---

① 勒鲞：鲫鲞。

② 慈姑闷鸡：慈姑当作"慈菇"，下同。闷，同"焖"，下同。

③ 统鸭：应作"桶鸭"。

④ 碎皮：应作"脆皮"。下同。

清蒸连鱼①	清蒸芦鱼②	清蒸肥鳖	鱼圆
干炸大鱼	干炸鱼片	溜干鱼	香糟鱼
蒜烧连鱼	烧肥鳖鱼肚	五溜鱼③	一品鱼圆

虾类：

| 生爆虾仁 | 虾饼 | 翡翠虾仁 | 虾圆 |
| 清汤虾仁 | | | |

肉类：

干烧猪排	干炸羊排	干炸牛排	红烧舌尾
猪髓口末	清蒸蹄筋	蹄筋脊髓	少子④蹄筋
火爆肚头	红烧肚子	清汤羊肚	清汤肚花
清汤肚片	清蒸肚子	芥苿⑤肚丝	红烧猪唇
清炖心片	肉卷	清汤腰片	干烧大肠
肝卷	腰卷	腰丝笋丝	红烧结子
红烧大肉	肉松	万字烧白	甜烧白
东坡肉	牛肉大元	薄烧白	粉蒸肉片
荷叶鲊肉	蕉叶鲊	红烧膝盖	清炖干肘

---

① 连鱼：应作"鲢鱼"。下同。

② 芦鱼：应作"鲈（lú）鱼"。鲈，古同"鲈"。

③ 五溜鱼：当为"五柳鱼"之误。

④ 少子：应作"臊子"。下同。

⑤ 芥苿：应作"芥末"。

抱烟肉①	罈②子肉	烧方	火烧羊肉
干絷羊肉	清蒸羊杂	清蒸羊肉	樱桃肉
火腿羊肉饼	烧牛肚梁③	烧羊杂	鱼冻肉
冻肉	冻肉片	红烧猪蹄油肝	

杂品类：

苏肉④	鸡卷	金银鸽蛋	鸡烧鸽蛋
杂会	鸡松菌	清蒸鸽蛋	香花鸡丝
烧君干	乌鱼蛋	笋丁	清蒸银耳
溜黄菜	葛仙米	如意冬笋卷	桂花黄耳
三大菌汤	炒三大菌		

山野味类：

野兔脯	野鸡片	炸野鸡	斑鸠冻肉
烧野鸭	野鸡烧肉	斑鸠炙脯	烧鹿筋
炙熊掌	炙鹿脯	烧鹿肚	炙鸽子

蔬品类：

让冬瓜	让小南瓜	让茄子	让苦瓜
瑶柱烧萝卜	溜白菜	溜青菜	冬瓜丝
冬瓜火腿	瑶柱烧青菜	白菜元子	白菜板鸭
白菜板栗	生炒豌豆	瑶柱烧菜头	春笋

---

① 抱烟肉：应作"暴腌肉"。

② 罈（tán）：同"坛"。

③ 梁：应作"檩（liáng）"。

④ 苏肉：疑为"酥肉"之误。

虾蛋春笋　　虾蛋冬笋　　鲜慈竹笋　　瑶柱烧白菜

新蒜台①　　新豌豆　　　新胡豆米　　新胡桃肉

金钩介南菜　新茄烧肉　　金钩烧豆筋　口末老豆腐

鸡丝南瓜尖　新海椒炒肉丝　　　　　君干烧豆腐卷

奶汤冬寒菜　点火腿菜豆花　腊肉相红油菜台②

火腿小莲花白包

甜菜品类：

豌豆泥　　　扁豆泥　　　胡豆泥　　　苕泥

山药泥　　　慈姑糕　　　山药饼　　　炸荷花片

莲子羹　　　枇杷羹　　　桔羹　　　　乌梅羹

让藕　　　　桃肉脯　　　葡萄羹　　　白果糕

洋粉　　　　让梨　　　　甜烧白　　　鱼碎③

梨羹　　　　八宝饭　　　珍珠元子　　烧凉粉

炸羊尾　　　苡仁羹　　　燕菜羹　　　锅炸

炸山药　　　桂花羹　　　白果羹　　　甜蛋蒸羹

仙米羹　　　小汤元羹　　黄耳羹　　　蔗饭

桃油羹　　　洗沙炸茄片

---

① 蒜台：应作"蒜薹"。

② 菜台：应作"菜薹"。

③ 鱼碎：应作"鱼脆"。

南馆^① 菜

（八十种）

甜烧白	蒸肉	清蒸鸭子	八块鸡
盐烧白	肘子	酱烧鸭子	干炸鸡
炸胗子	清汤肚头	火炮^②肚子	芥末肚丝
板栗鸡	清汤海参	姜汁鸡	烧鸭子
蹄筋海参	拌肚丝	鸡杂	蹄筋脊髓
腰花	十件头	少子蹄筋	板栗白菜
辣子鸡	辣子鱼	豆豉鱼	香糟鱼
碎皮大鱼	笋鸡丁	糖醋鱼	乌鱼片
虾蛋冬笋	十景豆腐	鲜笋	清蒸鱼
君干	鸡豆花	五柳鱼	红袍虾
干炸鱼	醉虾	生爆虾仁	鸡塔
麻辣海参	鸡卷	虾饼	洋菜杂会
锅巴海参	抄手海参	炒面	椒盐肘子
海参丁	炸紫盖^③	姜汁鸡片	椒麻鸡

---

① 南馆：又称"南堂"。南馆为"江南馆子"的省文，成都的南馆大约十九世纪初就出现了。最初的南馆多为江南人所开，以经营江南风味为主。南馆陈设雅致，设备齐全，以示江南派头。后来，成都人将南馆这一格调接受下来，但以经营川菜为主并承办筵席和出堂业务，逐渐成为一类综合性食馆。为别于"南馆"，以"南堂"称之。

② 火炮：应作"火爆"。

③ 紫盖：今作"子盖"。

包肉片	油鱼①片	油鱼丝	肝花
麻酱洋菜	清汤鱼肚	金钩冬笋	生焖②豌豆
凉拌鱼肚	春笋尖	溜白菜	焖鳝鱼
蒜烧连鱼③	瓦块鱼	黄焖连鱼	香花鸡丝
藜蒿鸡丝	肉圆子	玉兰片	包肉片④
冬菜肉丝	苏肉	冰糖肘子	鸡哺海参

① 油鱼：应作"鱿鱼"。下同。

② 焖：应作"焖"。

③ 连鱼：应作"鲢鱼"。

④ 包肉片：前已有"包肉片"，此应作"包肉丝"。

著名食品店
（二十二家）

"淡香斋" 之茶食   "抗饺子" 饺子

"大森隆" 之包子   "锺汤元" 之汤元、包子

"都一处" 之包子、点心   "嚼芬坞" 之油提面

"开开香" 之蛋黄糕   "允丰正"① 之绍酒

"官正兴" 之席面②   "三巷子" 之米酥

"广益号" 之豆腐干   "厚义园"③ 之席面

"德昌号" 之冬菜   "王包子" 之让肠腌肉

"山西馆" 之豆花   "科甲巷" 之肥肠

"九龙巷口" 之大肉包子   "王道正直" 之苏锅魁④

"便宜坊" 之烧鸭⑤   "陈麻婆" 之豆腐

"青石桥观音阁" 之水粉   "楼外楼" 之甜鸭

---

① 允丰正：酒坊名，仿绍酒有名。

② 官正兴：正兴园，成都著名包席馆。席面，指筵席菜肴。

③ 厚义园：疑为"复义园"之误。复义园，亦为著名包席馆。

④ 苏锅魁：应作"酥锅魁"。下同。

⑤ 烧鸭：烤鸭。

普通、夏天、特别食品

（一百一十一种）

成都之街市普通食品

虾羹汤	荞面	合芝粉	凉粉
糖豆腐淖①	蒸蒸糕	糍粑	凉糍粑
醪糟糍粑	醪糟	汤元	油糕
天鹅蛋②	黄糕	方黄糕	珍珠饽饽
马蹄糕	艾莴饽饽	烘苕③	玉麦
凉粉	玉麦饽饽	煎饼	蜘蛛抱蛋
锅魁	苏锅魁	甜水面	炉桥面
攒丝面	扎酱面④	白提面	素面
卫生面	卤面	牛肉面	水饺子
面棋子	鸡蛋卷	芡实烘糕	米花糖
玉米花糖	白麻糖	羊肉烧饼	牛肉燋包⑤
米粉	抄手面	蒸饽	豌豆糕
虾子糕	花生糕	胡豆花	盐煮花生
沙胡豆	糖包子	洗沙包子	付油包子
干菜包子	大肉包子	南虾包子	春卷

---

① 豆腐淖：豆腐脑，俗称豆花。

② 天鹅蛋：又称糖油果子。

③ 烘苕：烧红苕。

④ 扎酱面：今作"炸酱面"。

⑤ 牛肉燋包：今作"牛肉焦饼"。

烧麦	油花	油璇子	教门油酥
贯香糖	火腿包子	口毛①包子	干菜饼
鲜花饼	枣泥饼	挂面	麻饼子
桂花糕	薄脆	糯米苏②	油饼子
肉饼子	肉饺子	油炸糍粑	春饼
酥饼	粽子	缴子③	茶汤
熬醋豆腐淖	牛肉水饺子	油炸豆腐干	
向料④撒子⑤豆腐淖			

夏天食品

冰粉	米凉粉	凉糍粑	凉虾
藕稀饭	糖水	绿豆稀饭	荷叶稀饭
豆浆稀饭			

特别食品

肉松	蔗饭	薰鱼	永川⑥桃油
桃脯	桃糕	金丝枣	卫生面
蜜樱桃	苏鱼⑦	京酱	东坡肉
烧甜鸭	卫生羊糕		

---

① 口毛：应作"口蘑"。

② 苏：应作"酥"。

③ 缴子：应作"馓子"。

④ 向料：作料。

⑤ 撒子：应作"馓子"。

⑥ 永川：地名，在四川东南部。

⑦ 苏鱼：应作"酥鱼"。

食品类及菜谱

（燕窝、豆腐、糕、饼等五百二十八种）

燕窝

春季所用：

锈毯[①]燕窝　　玻璃燕窝　　　白玉燕窝　　鸳鸯燕窝

烩燕窝　　　　龙头燕窝

夏季所用：

八宝燕窝　　　芙蓉燕窝　　　冰糖燕窝　　玉带燕窝

琉璃燕窝　　　凤尾燕窝

秋季所用：

埋伏燕窝　　　十锦燕窝　　　虾膳[②]燕窝　　灯笼燕窝

馄炖燕窝　　　高升燕窝

冬季所用：

三鲜燕窝　　　福寿燕窝　　　把子燕窝　　千层燕窝

清汤燕窝　　　螃蟹燕窝

鱼翅

春季所用：

清汤鱼翅　　　橄榄鱼翅　　　琇球[③]鱼翅　　水晶鱼翅

鸡炖鱼翅　　　荷花鱼翅

---

① 锈毯：应作"绣球"。

② 虾膳：应作"虾扇"。

③ 琇球：应作"绣球"。

夏季所用：

凉拌鱼翅　　麻辣鱼翅　　膳鱼①鱼翅　　鸳鸯鱼翅

虾仁鱼翅　　木须鱼翅

秋季所用：

火把鱼翅　　凤尾鱼翅　　三鲜鱼翅　　清品鱼翅

芦条炖鱼翅　甲鱼炖鱼翅

冬季所用：

红烧鱼翅　　螃蟹鱼翅　　酿鱼翅　　　瓜尖②鱼翅

护腊鱼翅　　鸭子鱼翅

海参

春季所用：

三鲜海参　　玻璃海参　　玛瑙海参　　金钱海参

鸳鸯海参　　红烧甲鱼③　大烩海参

夏季所用：

麻辣海参　　玻璃海参　　芥茉海参　　芝麻脯海参

松仁海参　　金钱海参　　鸳鸯海参　　红烧甲鱼大

烩海参　　　卤拌海参

秋季所用：

菊花海参　　茄子海参　　石榴海参　　鸭子④

---

① 膳鱼：应作"鳝鱼"。

② 瓜尖：应作"爪尖"。爪尖，猪蹄爪。

③ 红烧甲鱼：疑为"红烧海参"之误。

④ 鸭子：似不应归入此类。

松肉海参

冬季所用：

十锦海参　　虾膳海参　　猪蹄海参　　螃蟹炖海参
黄鱼筋炖海参

四季所用

火腿炖鱼肚　　贡笋烧鱼肚　　石耳炖鱼肚　　金钱鲍鱼
鲍鱼脯　　　　鲍鱼烩豆腐　　葫芦条炖鸡　　樱桃鲍鱼
糖烧鲍鱼　　　烩鲍鱼片　　　八宝鸭　　　　荷包鸭
八仙鸭　　　　糖烧鸭　　　　锅烧鸭　　　　孔雀鸭
老鸦鸭　　　　糟油鸭　　　　火腿炖鸭　　　丁香野鸭
菊花鸭　　　　黄雀鸡　　　　红松鸡　　　　白松鸡
菊花鸡　　　　醇鱼①炖鸡　　果子鸡　　　　珍珠鸡
蜜腊鸡　　　　芥茉拌鸡　　　蘑菇炖鸡　　　折头②炖鸡
虾蟆鸡　　　　炖黄鱼　　　　黄鱼碎③　　　炖黄鱼筋
烩鱼脑　　　　酿鲫鱼　　　　酥银鱼　　　　糟鱼片
酿甲鱼　　　　红烧甲鱼　　　清黄甲鱼　　　黄雀鱼
红果鱼元　　　鲍鱼焖茄子　　鱼脯　　　　　烩鱼羹
乌鱼蛋　　　　三元海参　　　荷花鱼元　　　鱼羊会

---

① 醇鱼：疑为"鳝鱼"之误。

② 折头：应作"蜇头"。下同。

③ 鱼碎：应作"鱼脆"。

干油海参①	琇油海参②	酥银鱼	萝卜炖鱼
溜干肠③	炖熊掌	炖鹿筋	鹿尾
哈什麻④	葛仙米	淡菜	□鱼⑤
青螺⑥	福跳墙	酿姜豆⑦	烩茄丝
白菜果	西洋白菜	琇球萝卜	萝卜果
豆咘	松仁咘	牛乳咘	火腿白菜
火腿冬瓜	酿面筋	果子面筋	罗汉面筋
蘑菇面筋	酿茄菜	佛手豆腐	芙蓉豆腐
口蘑豆腐	酿豆腐	寿星豆腐	鹿肉脯
万字肉	福字肉	寿字肉	棋盘肉
虎皮肉	火夹肉	葫芦肉	东波肉⑧
鲟⑨鱼炖肉	樱桃肉	西洋肉	高丽肉
甜酒炖肉	荷包肉	荷叶肉	

杂用热吃

淡菜	蹄筋	鸭舌掌	鸡鸭腰

---

① 干油海参：应作"肝油海参"。

② 琇油海参：疑为"绣球海参"之误。

③ 溜干肠：应作"溜肝肠"。

④ 哈什麻：哈士蟆。

⑤ □鱼：不详。

⑥ 青螺：应作"青螺"。

⑦ 姜豆：应作"豇豆"。

⑧ 东波肉：为"东坡肉"之误。

⑨ 鲟（chún）：古书上说的一种鱼。

虾脯	鸡脯元	鸡片	青豆虾仁
鸡皮蘑菇	南齐①	煎樱桃	冬笋
白果蘑菇	鹿尾	脊髓管	腰菊②
野鸡片	炒菜子	锅铩腰	嫩面筋
炸子鸡	老鸽蛋	贵鱼③丝	野鸡片
千子肉	麻豆腐	山栗红	栗丝
炸咕噜	糟冬笋	炒荔枝	亮干肉④
糟火腿	炸银鱼	金钱野鸡	烧羊肉片
炒田鸡	樱桃鸭		

各样豆腐

芙蓉豆腐	莲子豆腐	鵅子⑤豆腐	子菜豆腐
八宝豆腐	冻豆腐	螃蟹豆腐	鸡松豆腐
银鱼豆腐			

各样饼

菊花饼	梅花饼	荷叶饼	松饼
甘露饼	重阳饼	春饼	萝卜饼
七星饼	铁烧饼	茶饼	竹叶饼

---

① 南齐：应作"南荠"。南荠，荸荠的异名。

② 腰菊：疑为"菊花腰子"。

③ 贵鱼：应作"鳜鱼"。

④ 亮干肉：今作"晾干肉"。

⑤ 鵅（luò）子：疑为"鸽子"之误。鵅，古书上说的一种水鸟，腹部和翅膀紫白色，背上绿色。

芝麻饼　　　双麻饼　　　洗沙饼　　　枣泥饼

葱油饼

各样包子

大肉包子　　火腿包子　　窝瓜^①包子　贯汤^②包子

水晶包子　　洗沙包子　　羊肉包子　　素包子

护油包子^③　　蛋鸭包子^④　冬瓜包子

各样糕

状元糕　　　松子糕　　　千层糕　　　西洋糕

桃糕　　　　绿豆糕　　　荷叶糕　　　山药糕

菊花糕　　　藕荷糕　　　竹节子糕　　栗子糕

葡萄糕　　　糟子糕　　　蛋豆糕　　　哪吗糕

白合糕　　　枣泥糕　　　莲子糕　　　荔枝糕

西瓜糕　　　扁豆糕　　　芝麻糕　　　扬州糕

芙蓉糕　　　桃子糕　　　寿桃糕

各样酥

芝麻酥　　　切酥　　　　荷叶酥　　　松子酥

姚酥　　　　枕头酥　　　东波酥　　　腰子酥

竹节酥　　　千酥　　　　象牙酥　　　火腿酥

双麻酥　　　莲子酥　　　鸡蛋酥　　　娥眉酥

---

① 窝瓜：应作"倭瓜"。倭瓜，南瓜。

② 贯汤：应作"灌汤"。

③ 护油包子：今作"付油包子"。

④ 蛋鸭包子：今作"豆芽包子"。

龙头酥	大核酥	茶酥	核桃酥
到口酥	晏平酥	饼果酥	眉毛酥
金钱酥	大酥盒子		

各样卷

如意卷	罗丝卷	西洋卷	秋叶卷
寿字卷	菜花卷	牡丹卷	九层卷
马蹄卷	春卷	莲子卷	冻三卷
福寿卷	荷叶卷	莲花卷	慈姑卷

各样烧麦

火肉烧麦	大肉烧麦	地菜①烧麦	冻菜烧麦
羊肉烧麦	鸡皮烧麦	野鸡烧麦	金钩烧麦
素欠烧麦	芝麻烧麦	梅花烧麦	莲棚②烧麦

各样饺子

汤面饺	小粉饺	南瓜饺	鹅掌饺
芙蓉饺	藕粉饺	荷叶饺	火腿饺
羊肉饺	护油饺	万字饺	川饺
菜饺	起酥佛手	煮饽饽	炸馒首③
杠子饽饽	油果条	通州饽饽	芝麻博碎④
鸡蛋麻花	韭菜盒子	鸡蛋棋子块	

① 地菜：荠菜，四川俗称"地地菜"。

② 莲棚：莲蓬。

③ 馒首：馒头。

④ 博碎：应作"薄脆"。

各样高装①

杏仁	蜜杨梅	松子	蜜葡萄
松仁青豆	大红袍	火腿	拌鱼松
榧子	瓜子	板票鸭	野鸡片
糟鱼	勲②鸡	折头	糟鲜笋
勲蛋	苏对虾③	金勾（钩）	糟面筋
皮蛋	扁肉	拌鱼松	盐肉
青肉腰	折皮④	羊羔	鹿脯
冻鱼	糟虾子	勲鸽子	卤蹄筋
沙仁肉	龙头菜	交儿菜⑤	拌子菜⑥
拌芦菜	勲肚头	拌面筋	甜核桃
酱核桃	糟面筋	炸面筋	烧猪

---

① 高装：高装碟子，即高脚盘。

② 勲：应作"熏"，下同。

③ 苏对虾：应作"酥对虾"。

④ 折皮：应作"蜇皮"。

⑤ 交儿菜：应作"荄儿菜"。

⑥ 子菜：应作"紫菜"。

家常便菜

（一百一十三种）

韭黄肉丝	炒腰花	炒腰片	炒罗粉
炒猪肝	炒羊肝	炒细粉	炒片粉
冬菜肉丝	肉闷菜头	滑肉	会锅肉①
凉菜	牛肉芹菜	白肉	川汤②
肉闷豆腐	蒸蛋	煎鱼	干鱼
冠油丝蛋	烘蛋	苏鱼③	爆烟肉
隔大肠子④	烧小肠	红肉⑤	蒸肉
大肠	苏肉	烧白	连锅子
肉饼子	鸡卷	辣子肉	清汤元子
扎元子⑥	春芽白肉	闷豌豆	溜白菜
介南菜⑦	玉兰片	板栗白菜	野鸡红
笋片	炒韭菜	炒韭菜花	炒藕
㷭豌豆⑧	白菜台煮肉	炒蒜苔	炒地瓜

① 会锅肉：疑为"回锅肉"之误。

② 川汤：汆汤，将主料入沸汤中汆熟成菜。如汆汤肉丝、汆汤元子等。

③ 苏鱼：应作"酥鱼"。下同。

④ 隔大肠子：疙瘩肠子。

⑤ 红肉：红烧肉。

⑥ 扎元子：应作"炸元子"。

⑦ 介南菜：应作"芥蓝菜"。

⑧ 㷭豌豆：炣豌豆。

豆芽肉丝	溜莲花白	姜汁鸡	红闷鸡
辣子鸡	炖鸭子	椒麻鸡	白炖鸡
窝笋①鸡	炒鸡杂	烧鸭子	红烧鸭
炙肉蹄	卤肉	卤鸭	炒桂花蛋
卤小带子②	卤鸡	卤蛋	卤肚子
炖心肺	凉拌肚子	拌猪耳	炸蹄筋
凉拌舌子	炖蹄子	红烧蹄子肚子	加鸡冠油
羊杂	泡杠豆③炒肉	牛肉豆腐	炒腐皮
牛杂	泡海椒炒肉	烧豆筋	烧高笋
牛皮带汤④	萝卜汤	莲花白汤	东瓜⑤汤
带丝汤	菜头汤	黄豆汤	瓠瓜汤
豆牙烧汤	芋头烧肉	凉拌皮片	卤汁猪尾
三大菌	凉拌肉皮	凉拌大脏头⑥	炖牛肉
炖猪肉	炙鹅	炖火腿蹄	炖羊肉
炙鱼	炖肘子	油豆腐	让豆腐
豆腐元子	煎豆腐		

---

① 窝笋：应作"莴笋"。

② 小带子：猪小肠。

③ 杠豆：应作"豇豆"。

④ 牛皮带汤：疑为"牛皮菜汤"。

⑤ 东瓜：应作"冬瓜"。

⑥ 大脏头：疑为"大肠头"。

肉脯品

（六十一种）

羊杂	牛杂	烧鸭子	盐鸭子
豆豉鱼	苏鱼	红蹄子	白油鸡
板鸭	桶鸭	鸭胸肉	盘盘菜
红骨头	铃当子①	让肠	砂仁肘子
赠蹄	红卤香肉	红肠	红舌子
红肚子	卤鸽子	鸡爪爪	鸭掌
鸭舌	鸭翅	君子②	红蛋

攒盒③（以上铺售）

盐鸡	盐鸭	卤鸡	卤鸭
烟熏鸭	豆豉鱼	苏鱼	皮蛋
盐蛋	卤帽结子	卤肉	砂仁肘子
舌子	肝子	猪头肉	猪耳
猪咀	炸虾子	卤豆腐干	干牛肉
咸牛肉	红牛肉	牛尾	肚子
卤蹄子	卤五香蛋	君干	香肠
兔肉	羊羔	蒸牛肉	蒸大肠

（以上摊售）

---

① 铃当子：猪排骨。

② 君子：鸡肫、鸭肫，四川俗称"胘肝"。

③ 攒盒：装具名，可以盛装多种腌腊熟食，购者买回即可食用。

附录二
《四季菜谱摘录》
菜品目录

按：原稿本无名，现名为校注者所加。本附录只列菜名。做法见《新录》。

燕窝

（三十九种）

春季

荷包燕窝	玻璃燕窝	鸳鸯燕窝	龙头燕窝
绣球燕窝	白玉燕窝	清烩燕窝	

夏季

八宝燕窝	冰糖燕窝	凤毛[①]燕窝	芙蓉燕窝
玉带燕窝			

秋季

十锦燕窝	虾扇燕窝	灯笼燕窝	埋伏燕窝
高升燕窝			

冬季

把子燕窝	清汤燕窝	千层燕窝	如意燕窝
牡丹燕窝	腐老燕窝	三元燕窝	五福燕窝
金钱燕窝	虾仁燕窝	乌龙燕窝	一品燕窝
三鲜燕窝	福寿燕窝	螃蟹燕窝	鲫鱼燕窝
寿桃燕窝	果子燕窝	四喜燕窝	传丝[②]燕窝
面筋燕窝	鸡茸燕窝		

---

① 凤毛：应作"凤尾"。下同。

② 传丝：应作"攒丝"。

鱼翅

（三十九种）

清汤鱼翅	芙蓉鱼翅	绣球鱼翅	青果鱼翅
水晶鱼翅	鸡炖鱼翅	荷花鱼翅	凉拌鱼翅
麻辣鱼翅	鳝丝鱼翅	鸳鸯鱼翅	虾仁鱼翅
木须鱼翅	火把鱼翅	凤尾鱼翅	三鲜鱼翅
甲鱼鱼翅	红炖鱼翅	蟹黄鱼蟹	青膅①鱼翅
厢品②鱼翅	爪尖鱼翅	付辣③鱼翅	甜鸭④鱼翅
鸡哺鱼翅	鸡茸鱼翅	青烩⑤鱼翅	牡丹鱼翅
奶汤鱼翅	虾元鱼翅	白肺鱼翅	龙头鱼翅
桂花鱼翅	野鸡鱼翅	把耳⑥鱼翅	白菜鱼翅
绣球鱼翅	十锦鱼翅	杏卤鱼翅	

---

① 青膅：应作"清品"。

② 厢品：应作"镶拼"。

③ 付辣：应作"胡辣"。

④ 甜鸭：应作"填鸭"。下同。

⑤ 青烩：为"清烩"之误。

⑥ 把耳：应作"把儿"。

海参

（三十九种）

三鲜海参	玛瑙海参	鲫鱼海参	金钱海参
十锦海参	鸳鸯海参	大炖海参	炖蹄海参
溜海参片	黄鱼海参	麻辣海参	玻璃海参
鸽子海参	芝麻海参	松仁海参	卤拌海参
菊花海参	石榴海参	鸭子海参	松肉海参
千张海参	蝴蝶海参	酿海参	芥茉①海参
桂枝海参	果子海参	万字海参	白合②海参
如意海参	一品海参	蜈蚣海参	鸭么③海参
香片海参	八宝海参	三元海参	杂烩海参
杨州海参	鱼饼海参	肝油海参	

---

① 芥茉：应作"芥末"。

② 白合：应作"百合"。下同。

③ 鸭么：应作"鸭腰"。下同。

四季烧烤

（九种）

一品烧猪　　生烧甜鸭　　烧金钱肉　　烧哪嘛①肉

生烧大方　　生烧羊腿　　生烧南腿　　生烧大鱼

烧贯儿②桶鸡

---

① 哪嘛：应作"喇嘛"。下同。

② 贯儿：应作"罐儿"。

鲍鱼

（二十二种）

金鱼鲍鱼	冰汁鲍鱼	樱桃鲍鱼	清烩鲍鱼
酸辣鲍鱼	麻辣鲍鱼	茄子鲍鱼	怀胎鲍鱼
红烧鲍鱼	三元鲍鱼	溜鲍鱼	西卤①鲍鱼
金银鱼皮	红烧鱼皮	西卤鱼皮	清烩鱼皮②
十锦仙米	荔枝肚头	清汤肚头	金银肚头
清烩竹参	酿竹参③		

---

① 西卤：应作"稀卤"。下同。

② 清烩鱼皮：此菜之后的不属鲍鱼，原本如此，从旧。

③ 竹参：应作"竹荪"。下同。

鱼肚

（十种）

清汤鱼肚　　把子鱼肚　　白肺鱼肚　　冨耳[1]鱼肚

绣球鱼肚　　奶汤鱼肚　　莲花鱼肚　　俞肉[2]鱼肚

芙蓉鱼肚　　千层鱼肚

---

[1] 冨耳：疑为"佛耳"。

[2] 俞肉：应作"榆肉"。榆肉，榆耳。下同。

鸭子
（二十三种）

竹参鸭子	神仙鸭子	黄焖鸭子	焖炉鸭子
南腿鸭子	清蒸鸭子	鲜笋鸭子	俞肉鸭子
金钱鸭子	酱烧鸭子	八仙鸭子	荷包鸭子
嫩姜鸭子	八宝鸭子	红烧鸭子	盐水鸭子
锅烧鸭子	葱烧鸭子	蜜汁鸭子	五套鸭子
金银鸭子	笋干鸭子	白鲞鸭子	

红白鸡

（三十三种）

白合仔鸡	板栗肥鸡	东坡肥鸡	盐烩鸡片
卤拌肥鸡	鲜笋肥鸡	青风肥鸡	八宝鸡
黄焖鸡	粉片鸡	香菌鸡	金银禾①鸡
辣子鸡	姜汁鸡	香糟鸡	荔枝鸡
哪嘛鸡	鲜鸡松	粉蒸鸡	白禾鸡
五香鸡	锅烧鸡	鲜鸡元	溜鸡片
清烩鸡𫘜	玻璃鸡片	珍珠鸡	椒麻盐鸡
金钱鸡塔	汗鸡②	鸡豆花	百鸟朝凤鸡
大炸八块鸡			

---

① 禾：应作"酥"。下同。

② 汗鸡：今作"旱蒸鸡"。

鲜鱼

（二十二种）

五柳鱼	芙蓉鱼	清蒸鱼	春清燊①鱼
燊糟鱼	糖醋鱼	黄焖鱼	烟熏鱼
豆鼓鱼	禾鲫鱼	黄雀鱼	焠②皮鱼
生爆鱼	瓦块鱼	锅贴鱼	酿鲫鱼
红烧鲫鱼	清炖鲫鱼	红鱼元	红烧莲鱼③
软木鱼	果鱼片		

---

① 燊：原文如此，不详。

② 焠（cuì）：应作"脆"。

③ 莲鱼：应作"鲢鱼"。四川俗称鲇鱼为鲢鱼。

虾仁

（十五种）

蚕豆虾仁　　　如乙^①虾仁　　　粉粹^②虾仁　　　高力^③虾仁

生爆虾仁　　　玛瑙虾仁　　　十锦虾仁　　　醉虾

白玉虾饼　　　龙须虾糕　　　凉拌虾仁　　　兰池^④虾饼

椒盐虾饼　　　红烧虾饼　　　金钱虾饼

---

① 如乙：应作"如意"。

② 粉粹：疑为"翡翠"之误。

③ 高力：今作"高丽"。

④ 兰池：应作"南荠"。南荠，荸荠。

红白肉

（四十三种）

红烧肉	东坡肉	白鲞肉	冨耳①肉
盐菜肉	梅干肉	笋干肉	冬笋红肉
山药肉	一品肉	板栗肉	水晶肉
金面肉	雪里肉	火夹肉	明腐肉②
千张肉	冰糖肉	荔枝肉	八宝肉
樱桃肉	马牙肉	四喜肉	酒醉肉
里即肉	水塔肉	金银肘子	销盐③肉
醋炖肉	黄雀肉	菱角肉	高丽肉
扣子肉	冰糖肘子	姜汁肘子	凉④干肉
椒盐肘子	清风肘子	红烧肘子	白菜卷肉
雪花蒸肉	哈耳巴肉	白煮桶鸡⑤	

---

① 冨耳：疑作"佛耳"。

② 明腐：应作"螟蜅"。螟蜅，墨鱼。

③ 销盐：应作"硝盐"。

④ 凉：应作"晾"。

⑤ 白煮桶鸡：此菜应归入"四季红白鸡"，原作如此。

腰子

（十种）

清蒸腰子　　四喜腰子　　云耳腰子　　凤尾腰子

清炖腰子　　盐水禾腰　　红烧腰子　　荔枝腰子

锅烧腰子　　干扎[1]腰卷

---

[1] 干扎：应作"干炸"。

鸽蛋

（七种）

清汤鸽蛋　　虎皮鸽蛋　　金钱鸽蛋　　红烧鸽蛋

攒丝鸽蛋　　凤毛鸽蛋　　五香鸽蛋

口茉①

（十种）

鸭么②口茉　　银耳口茉　　白肺白茉　　素烩口茉

清烩口茉　　椒盐口茉　　清酿口茉　　脑髓口茉

荔枝口茉　　鸡茸口茉

---

① 口茉：应作"口蘑"。下同。

② 鸭么：应作"鸭腰"。

面筋

（十二种）

清烩面筋　　十锦面筋　　回汉面筋　　素烩面筋

凉拌面筋　　响铃面筋　　罗汉面筋　　溜扎^①面筋

白菜面筋　　果子面筋　　酿面筋　　　鸽府^②面筋

---

① 溜扎：应作"炸熘"。

② 鸽府：疑为"鸽虎"。鸽虎，虎皮鸽蛋。

豆腐

（十四种）

杏仁豆腐	金银豆腐	鸭党豆腐	南尖①豆腐
寿星豆腐	太极豆腐	箱子豆腐	活着②豆腐
豆鼓豆腐	和尚豆腐	荷包豆腐	十锦豆腐
珍珠豆腐	玉兰片老豆腐		

---

① 南尖：应作"南煎"。

② 活着：应作"活捉"。

各种肴馔

（十四种）

杏仁茶	禄一生①	埼豆②泥	莲根长③
牛尾长	鹿肉	乌鱼蛋	禄尾长④
葛仙米	螃蟹元	烤鹿筋	炖熊掌
红烧野鸡	红烧野鸭		

---

① 禄一生：不详。

② 埼豆：应作"豌豆"。

③ 长：应作"肠"。下同。

④ 禄尾长：应作"鹿尾肠"。

全羊烧烤

（略）

详见《新录》"全羊类"附录。